U0051748

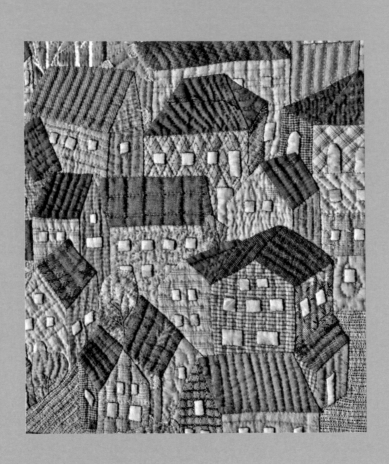

斉藤謠子 優雅 & 可愛！
最愛的房屋拼布創作

序

對喜歡拼布的人來說，

「小屋」絕對是想要挑戰製作的作品。

大概就像是在為自己最親愛的家人蓋房子一般的心情吧！

10多年前，以「小屋」為主題撰寫的拼布書，

大部分皆以美國房子範本而製作，

之後到歐洲和北歐旅行時，

深深感受到與美國完全不一樣的文化魅力。

尤其能夠看出北歐人非常重視手工藝的精神生活。

在他們生活與住家環境都能充分感覺的出來。

所謂的家、窗戶數目、窗戶顏色、屋頂樣式等都不一樣呢！

這次的作品，不單只是拼布，直接使用一塊布料，進行貼布縫等，

我特別想要介紹給大家較為簡單的作品，

在製作上，也一定會更加有趣！

住在一起的心愛家人們、家裡周圍環繞的森林、河川、

以及小鳥、動物們，共存的自然生態。

如此充滿溫暖的感覺，就是我堅持製作的最大原動力。

斉藤謠子

Contents

＊A至D為紙型標示。

A

B

輪廓

深夜裡，被陰影籠罩的一棟棟小屋。
以貼布縫及刺繡簡單製作，表面及背面使用不同種類布料。

→page64

C

彩繪小屋
橘色的牆壁、黃色大門、大大木門……不管哪個家都很有特色，讓我深感著迷。
刻意不對稱的設計，讓人倍感溫馨。
背景統一使用深色系。
→page66

熱鬧繁華的街景

各種個性化的建築物，美麗的壁飾。
彷彿可以聽見悅耳的小鳥叫聲、樹木搖曳聲響、人們歡愉的笑聲。
掛在走廊上，讓人忍不住停下腳步欣賞。
刻意選擇橫長尺寸製作。

→ page68

筆袋

排列成一排的小小房子，乍看之下很像可愛小孩的臉蛋。
以粉紅色、橘色的配色效果，展現熱鬧氛圍。
搭配同色調格紋布，使整體風格協調又細膩。

→ page69

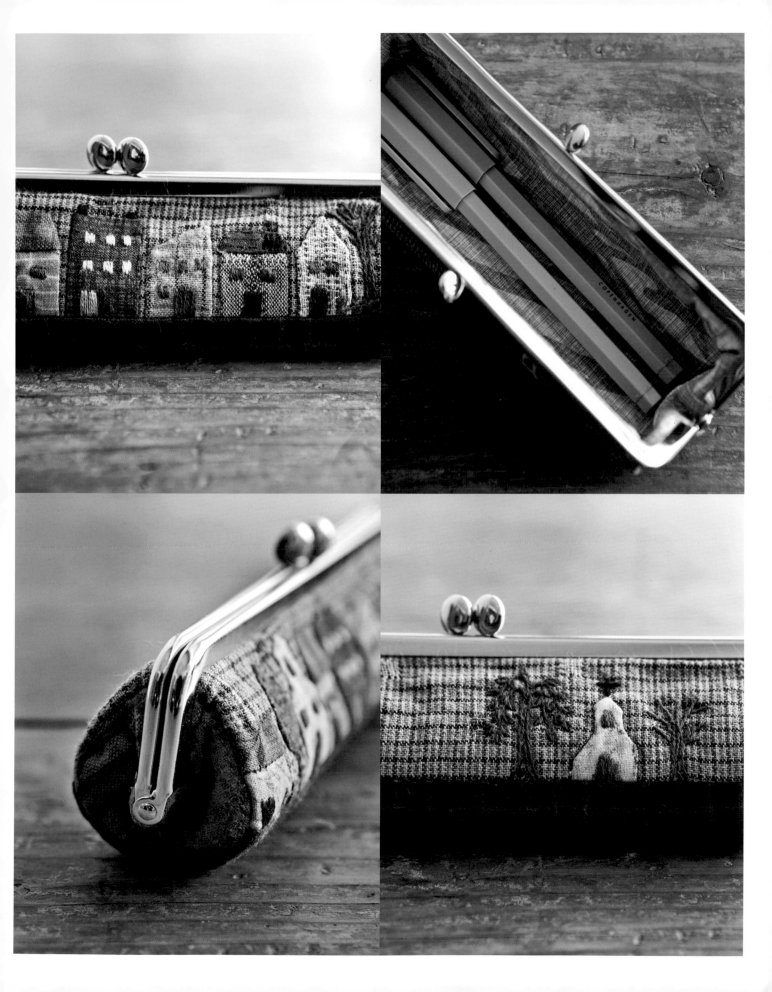

春夏秋冬　將北歐四季映襯在四個小小的畫框裡，每一個小屋都有著屬於自己的家人和故事。

將布料的顏色作為背景使用也極具趣味性。 → page70

冬之鳥

北歐的灰色天空裡帶有淡淡牛奶色系。
在這樣美麗的天空下描繪出寂靜的風景小物包。
鮮豔的橘色鳥兒輕輕鳴叫,感覺遠方的青鳥也在回應一般,壓棉線條展現微風的模樣。

→ page76

波士頓包

從潘朵拉的盒子圖案得到的靈感設計。
後片搭配機器壓棉布製作大口袋。
前後均可以搭配的雙面設計，十分實用。

→ page72

煙囪之家

寒冷的漫漫長夜。從窗口露出的橘黃色燈光，讓人感到安心。屋內 一定更加的明亮、熱鬧吧！
使用樹脂板製作更加堅固。

可以收納小物或掛東西，非常便利。

→ page74

午餐包

圓形造型最適合裝進溫暖的便當。
接縫四片紙型製作，兩片是提把，再將兩片綁起來即完成。
讓人充滿元氣的蔚藍青空條紋屋頂，下午的工作也要好好加油喔！
→page77

肩背包

如同商標般的設計感貼布縫小屋。
開口及背面均有拉鍊設計，作為旅行包也很安心！
為了更貼合身體，
肩帶也採脇邊設計。

→ page78

青色之塔

圓筒形包的收納能力非常好，放入洋傘、水壺等都沒有問題，非常便利。

前後大大的門片，與磚瓦色系相同的拼接設計。

上下端及提把統一使用黑色系製作，展現復古氛圍。

→ page80

縫紉小物包

春天來臨！
沉浸在新綠芬芳及輕柔微風中，溫暖的家也很舒適。
描寫著如此情懷的縫紉小物包。
袋蓋內側的口袋，收納能力超棒，尺寸也剛剛好。

→ page81

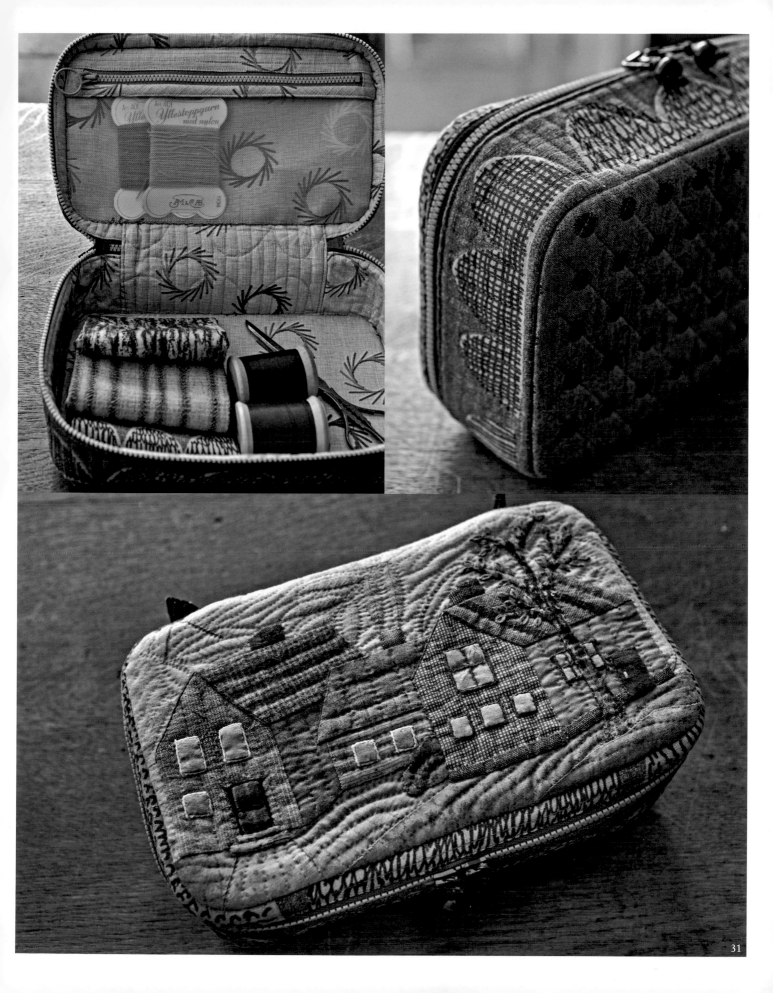

拜訪朋友們

石造牆壁、藍色屋頂。

「若是朋友住在這樣美麗的小屋裡，真想每天去拜訪啊！」

船形尺寸的化妝包。

如果喜歡，還可以繡上荷葉邊般的小窗簾。

→ page56

蘑菇之家＆瓢蟲們

森林裡，住在紅色蘑菇裡的小瓢蟲們。
天氣好的日子，會在戶外野餐。
不論是散步或是附近外出都很便利的小物包。
可以依自己喜好將紙型放大使用。

→ page84

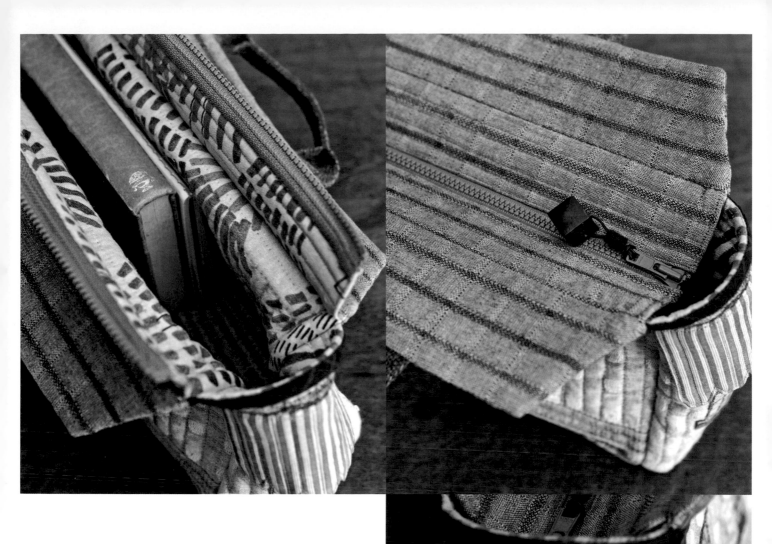

石造之家

將在歐洲看到的石造復古餐廳直接放在包包上。
側身及底部的大容量設計，及兩側口袋都很便利。
彷彿可以聽到裡面飄來的陣陣食物香味、和樂融融的對話。
不論是臺階、窗戶、窗簾也都如實呈現。

→ page85

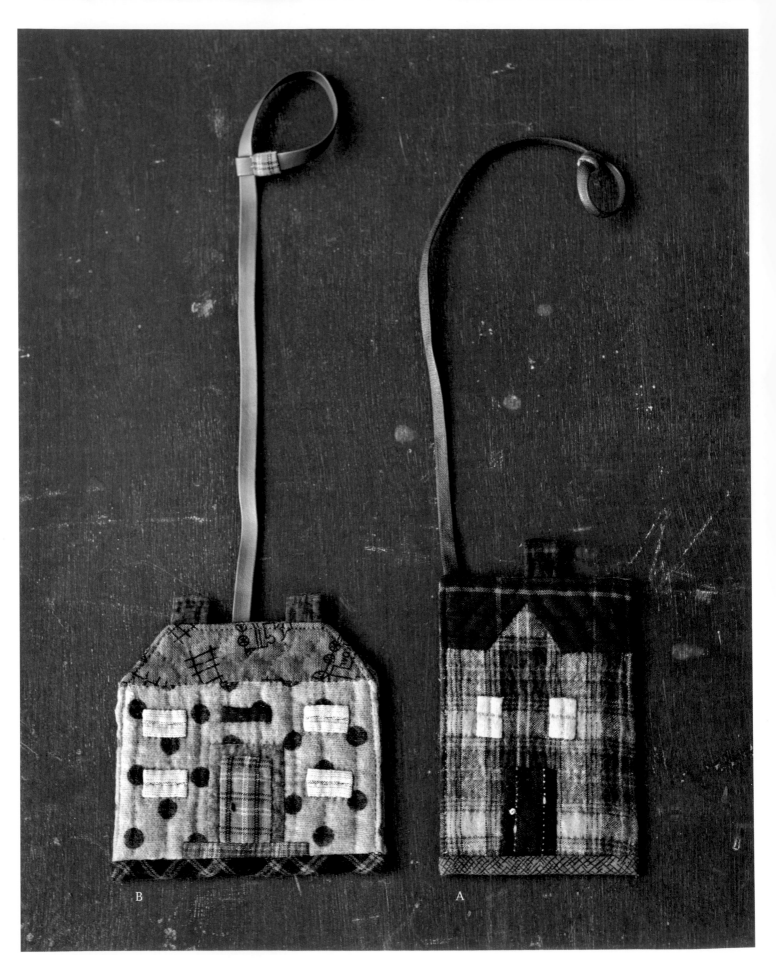

B   A

公寓卡片包

由兩棟公寓連接的交通卡。
避免遺失,從屋頂縫隙中插入放置。
裡面採塑膠面製,也可以當作行李的名牌使用。
繩子可以調節大小尺寸。

→ page88

縫紉包盒

每天都需要使用的縫紉包盒，
在設計上非常講究細節。
本體及屋頂製作較有難度，所以將屋頂蓋在本體上，
接合本體尖點處使其更加穩固。

→ page90

小物包

小屋形狀的迷你小物包。
糖果、手帕、口罩等小物，外出時拿取非常便利。
拉鍊顏色也是裝飾之一。
→ page71

眼鏡包

繽紛色彩並排的小屋搭配刺繡大門的眼鏡包。

側身車縫裝飾線,可以輕輕摺疊收納。

口布搭配磁釦固定。

為避免鏡片損傷,裡布建議使用絨布素材。

→ page93

阿爾薩斯的街道

壁飾描繪的是我最喜愛的法國阿爾薩斯的街道。熱鬧聚集的屋頂，不論是屋頂顏色或是窗戶形狀都有些許不同，
整體看起來既協調，又給人安全感的景致，讓人感到不可思議。　→ page95

How to Make

◉尺寸圖＆製作圖

圖中尺寸單位為cm。除了部分尺寸圖之外，
均未附縫份。需各自附上縫份後裁剪。一般
拼接布片縫份為0.7cm，貼布縫布片則為0.3
至0.4cm。

◉完成尺寸

記載尺寸圖的大小。完成的作品會因為壓線
分量、縫製時的力道等，導致大小些許不
同。壓線完成後請再次確認尺寸後，再進行
下一個步驟。

◉布紋

除了較大的部分或斜向布紋外，不標示布紋
方向。花紋布則需對花、零碼布依據自己方
便的方式裁剪。

◉縫線

材料表中沒有標示縫合線、壓線縫線。請配
合布料需選擇需要的縫線。

◉包款製作

本書收錄的包款或小物包均以車縫製作。若
需手縫，請以回針縫（參考P.53）縫合。

必備工具

1 **拼布板** 布料記號製作可使用砂紙面，
　　　　背面布面可當燙墊使用。

2 **壓線框** 直徑45cm，用於大型作品壓線。

3 **布框**

4 **布鎮** 製作小型作品壓線時用來固定布料。

5 **熨斗** 小熨斗在製作時使用更為方便。

6 **尺** 方格及平行線兩者都有拼布專用尺，
　　　使用更方便。

7 **剪刀** 由上依序為線剪、紙剪、布剪等用三種。

8 **燈箱** 描繪貼布縫圖案或刺繡圖案。

9 **指套** 用於壓線時保護手指。
　　a 陶指套　**b** 金屬指套　**c** 皮革指套

10 **頂針器**

11 **橡皮指套**

12 **切線用紙套**
　　＊**9**至**12**使用方法參考P.60 ⑥-**1**。

13 **記號筆** 依照布料顏色選擇深淺2色較為便利。

14 **骨筆** 用於推壓縫份＆製作記號使用。
　　a 直線用　**b** 曲線用

15 **錐子** 描繪紙型、記號使用。

16 **湯匙** 壓線時用於頂著針尖。
　　　　可以嬰兒奶粉罐裡的湯匙替代。

17 **圖釘** 固定3層壓線時使用。

18 **手縫線**
　　a 疏縫針 疏縫專用粗長針
　　b・**c** 拼布用縫針。 **c** 厚布使用黑色縫針。
　　d 壓線針 用於壓線、短針。

19 **珠針** 短珠針用來固定縫合貼布縫時使用。
　　　　（參考P.57至58）

20 **縫線**
　　a 疏縫線。
　　b・**c** 拼布或貼布縫使用的Polyester縫線（50號）。
　　也可當車縫線。
　　d 壓線用線。

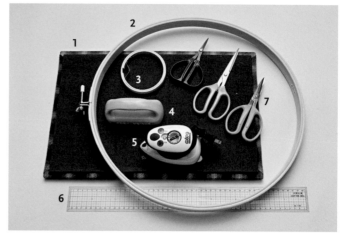

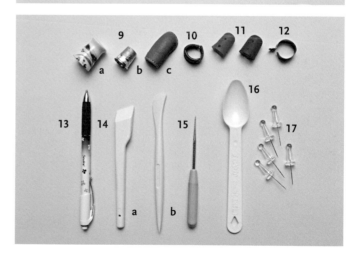

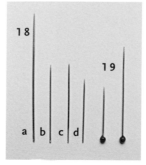

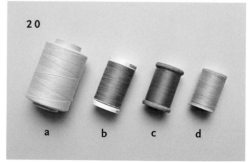

必備工具

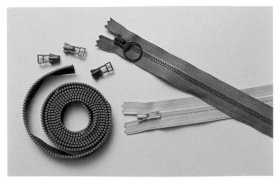

A 拉鍊 波士頓包→P.18、拜訪朋友們→P.32、石造之家→ P.38等

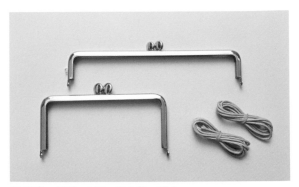

B 口金 筆袋→ P.12、冬之鳥→ P.16

B 網紗 縫紉小物包→ P.30

D 織帶 波士頓包→P.18、肩背包→P.26、青色之塔→P.28、石造之家→P.38等

E 細繩（木棉製、皮製） 公寓卡片包→P.40

F 畫框 春夏秋冬→P.14

G 拼布板（左）／塑膠板（右）
煙囪之家→P.22／縫紉包盒→P.42

H 鐵環 小物包→P.44

基礎手縫

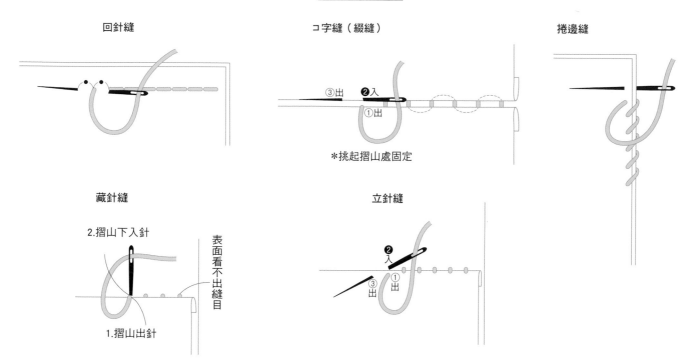

回針縫

コ字縫（綴縫）

③出　❷入

①出

＊挑起摺山處固定

捲邊縫

藏針縫

2.摺山下入針

表面看不出縫目

1.摺山出針

立針縫

❷入

①出

③出

刺繡技巧

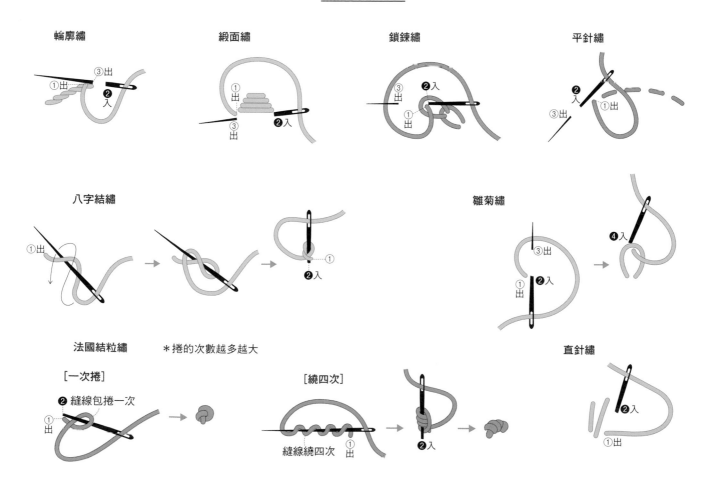

輪廓繡

①出　③出

❷入

緞面繡

①出

③出　❷入

鎖鍊繡

③出　❷入

①出

平針繡

❷入

③出　①入

八字結繡

①出

①

❷入

雛菊繡

③出

①出　❷入

❹入

法國結粒繡　＊捲的次數越多越大

［一次捲］

❷縫線包捲一次

①出

［繞四次］

縫線繞四次　①出

❷入

直針繡

❷入

①出

選擇・搭配布料的方法

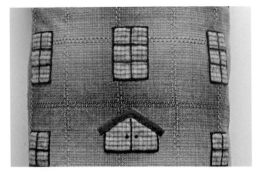

青色之塔 → page28

煙囪之家 → page22

蘑菇之家 & 瓢蟲們 → page34

春夏秋冬 → page14

春夏秋冬 → page14

善用布料原有的模樣 ·····································

仔細觀察，善用布料圖案、顏色濃淡、質感等製作。例如深淺的布料，用來表現牆壁凹凸或是復古的質感（青色之塔）。利用條紋顏色區分圖案、格紋作為窗戶圖案（煙囪之家）。像是森林風景、葉子、花朵等具體風景的布料，就可直接當成作品背景。另外運用在作品上，選用圓點圖案的蘑菇傘（蘑菇之家 & 瓢蟲們），以葉子圖案表現森林、就像摩擦般的朦朧天際（春夏秋冬）也很好看。從作品考慮布料、從布料選擇作品，都是非常好的方法。

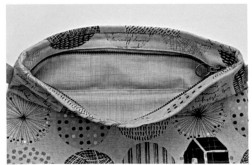

肩背包 → page26

彩繪小屋 → page8

冬之鳥 → page16

裡布也可以很時尚 ·····································

包包及小物包內側選擇明亮的裡布製作：避免容易弄髒的白色或淡色系，挑選獨特淺色圖案較佳。整體統一表布色系也很棒（肩背包），作品表面有淺有深的顏色時，裡布可搭配格紋圖案（彩繪小屋、冬之鳥），選擇自己喜愛的布料圖案也可以讓心情更加快樂。

從小就很喜歡欣賞研究布料圖案。
我在20多年前開始著手於布料圖案設計，其中因而得到靈感或是對於壓線擁有更多不同想法。
想以這本書的作品，介紹給大家完成度更高、讓人印象更加深刻的作品。

縫紉小物包 → page30

縫紉包盒 → page42

波士頓包 → page18

善用壓線的表現技法

壓線不僅可以描繪風景，也可以作出貼布縫效果，不論是柔軟線條或銳利質感都沒有問題，可以製作出豐富層次感。背景布注意圖案及壓線方向的一致性（縫紉小物包）。展現田園生活氛圍稍稍手繪風的壓線（縫紉小物包）。中性風表現時製作銳利的線條感（波士頓包）。

公寓卡片包B → page40

公寓卡片包A → page40

小物包 → page44

相互映襯顏色的表現技法 ·······

最近常常使用明亮的紅色、黃色、藍色等。基底布雖然不太使用這些顏色，但像是大門、窗戶等小地方，格紋圖案稍稍帶入一點明亮色系裝飾等。絨布讓圖案顏色更加柔和的起毛加工，是展現明亮感覺的最佳選擇。或使用布料背面簡單圖案強度，或善用圖案特性（彩繪小屋、公寓卡片包、小物包）。

想要培養挑選布料的品味，首先要看過各種不同的布料累積經驗。除了美麗的作品外，像是旅行的風景、畫展或是攝影等的美麗顏色組合、素材研究也很重要。其中又以不怕失敗、勇於挑戰最為重要。我也曾面臨過無數大大小小的失敗。現在也常常會回想，如果當初那樣作，會不會不同？使用布料背面、大膽圖案選擇、挑選不適合拼布製作的布料等各種試驗，常常會產生意料之外的化學變化呢！

拜訪朋友們 作品→ page32

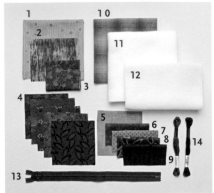

★完成尺寸
　長11cm　寬18cm　底側身寬4cm
★原寸紙型C面
★為使讀者易於理解，改變了一部分車縫線
　的顏色。

材料

1 棉布　淡灰花紋布…30×25cm（前後本體
　　基底布・下側側身脇邊布）

2 棉布　咖啡色花紋布…15×20cm
　　（底布・拼縫布片ⓔⓖ）

3 棉布　深灰色花紋布…15×30cm
　　（上側側身）

4 棉布　藍灰色花紋布5種…各10×12cm
　　（屋頂拼縫布片）

5 棉布　黃土色布…10×10cm
　　（拼縫布片ⓓ）

6 棉布　綠色花紋布…6×6cm
　　（拼縫布片ⓕ）

7 棉布　深咖啡色松紋布…5×10cm
　　（拼縫布片ⓒ）

8 棉布　深咖啡色印花布…12×11cm
　　（拼縫布片ⓑ・釦絆）

9 棉布　紅色布5種…10×10cm
　　（拼縫布片ⓐ）

10 棉布　格紋布…100×50cm
　　（裡布・縫製縫份的斜布紋布）

11 鋪棉…50×30cm

12 雙面布襯…40×45cm

13 拉鍊…25cm以上　1條

14 25號繡線　黑・灰…各適量
　　鋪棉 35×10cm

尺寸圖

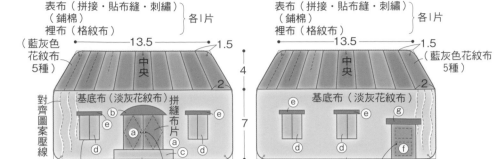

前本體
表布（拼接・貼布縫・刺繡）
（鋪棉）　　　}各1片
裡布（格紋布）
（藍灰色花紋布5種）
13.5　1.5
中央　4
2
基底布（淡灰花紋布）拼縫布片
對齊圖案壓線
7
ⓔ ⓑ ⓐ ⓒ ⓓ
18
輪廓繡　法國結粒繡

後本體
表布（拼接・貼布縫・刺繡）
（鋪棉）　　　}各1片
裡布（格紋布）
（藍灰色花紋布5種）
13.5　1.5
中央
基底布（淡灰花紋布）
ⓔ ⓔ ⓖ ⓓ ⓓ ⓕ
18
八字結粒繡

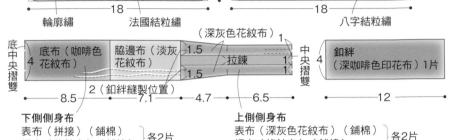

底中央摺雙
底布（咖啡色花紋布）4
脇邊布（淡灰花紋布）
1.5
拉鍊
1.5
（深灰色花紋布）
1
1
中央摺雙 4
8.5　2（釦絆縫製位置）　7.1　4.7　6.5

釦絆（深咖啡色印花布）1片
12

下側側身布
表布（拼接）（鋪棉）
裡布（格紋布）（鋪棉）　}各2片

上側側身布
表布（深灰色花紋布）（鋪棉）
裡布（格紋布）（鋪棉）　}各2片

＊釦絆直接裁剪
＊前後本體拼縫布片0.7cm・貼布縫布0.3cm至0.4cm・（ⓒ和ⓕ下側1cm）裡布及鋪棉3cm，
　除了指定處之外，縫份皆為1cm。
＊下側側身布・鋪棉直接裁剪・裡布3cm・除了指定處之外，縫份皆為1cm。
＊上側側身布・鋪棉直接裁剪・其他部分拉鍊側1cm・除了指定處之外，縫份皆為2cm。
＊縫份使用斜布條包捲（格紋布）2.5×10cm、2.5×63cm各2條。

① 裁剪本體布片

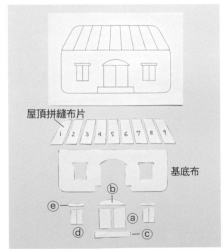

1 準備前本體圖案2張。一張拼縫布片用各
自裁剪。屋頂拼縫布片請標上號碼避免出
錯。

2 裁剪屋頂布片。布料背面及紙型正面疊
合，描繪完成線、寫上記號。

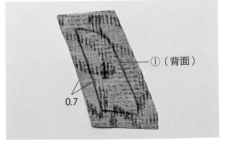

3 附上0.7cm縫份裁剪。

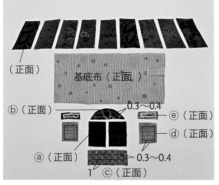

（正面）
基底布（正面）
ⓑ（正面）　　　0.3〜0.4　ⓔ（正面）
　　　　　　　　　　　　　　ⓓ（正面）
ⓐ（正面）
　　　0.3〜0.4
1　ⓒ（正面）

4 依相同要領裁剪屋頂9片。貼布縫基底布
上側附上0.7cm，除了指定處之外，縫份
皆為1cm。貼布縫布片，布料正面疊合紙
型，沿完成線作上記號，附上0.3至0.4cm
縫份裁剪。布片ⓐ2片疊合車縫後再進行
貼布縫處理。布料背面作上記號。

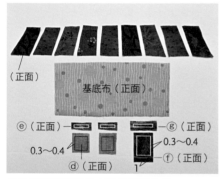

（正面）
基底布（正面）
ⓔ（正面）　　　　　　　　ⓖ（正面）
　　　　　　　　　　　　0.3〜0.4
0.3〜0.4　　　　　　　　ⓕ（正面）
ⓓ（正面）　　　1

5 依相同要領裁後本體各拼縫布片。

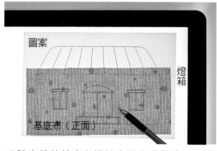

圖案
燈箱
基底布（正面）

6 貼布縫的基底布描繪上貼布縫圖案。先將
圖案放置燈箱上，重疊基底布，以記號筆
在表布描繪圖案。

＊沒有燈箱時，可放在太陽光下的透明玻璃
窗上描繪。

② 拼縫布片

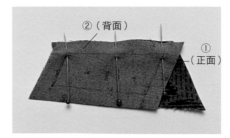

②（背面）
①（正面）

1 屋頂①和②布片正面相對疊合，兩端和中
間以珠針固定。

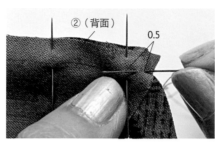

②（背面）
0.5

2 縫線端製作打結，記號前0.5cm入針挑1
針。

②（背面）

3 回1針回針縫。

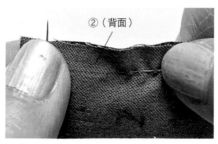

②（背面）

4 進行平針縫。

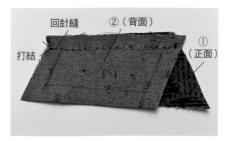

回針縫　②（背面）
打結　　　　　　①（正面）

5 縫合至記號前0.5cm處，進行1針回針縫，
打結固定。

6 2片縫份邊端對齊裁剪。

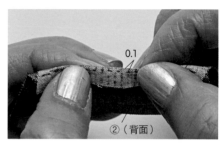

0.1
②（背面）

7 0.1cm縮縫縫份倒向縫份②。

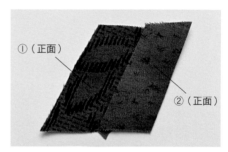

①（正面）
②（正面）

8 翻至正面熨燙整理。

（正面）

（背面）

9 相同要領①至⑨布片拼縫。縫份倒向同一
側。後本體屋頂布片9片依相同方法車
縫。

③ 貼布縫

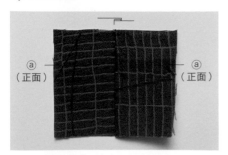

1 前本體布片ⓐ2片正面相對疊合,縫份倒向單側。

2 以骨筆側邊縫份往內摺。

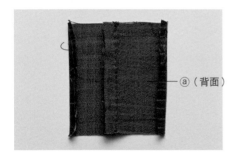

3 ⓐ另一側邊也以相同方法摺疊縫份。

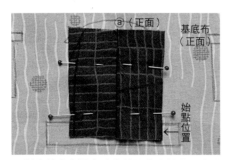

4 對齊基底布圖案以珠針固定布片ⓐ。右脇邊下側貼布縫縫製位置。

5 進行立針貼布縫。首先從基底布背面ⓐ位置摺山出針。(①處)

6 摺山下方入針(②),摺山約0.3cm上側出針(③)。立針縫(參考P.53)重複進行藏針縫。

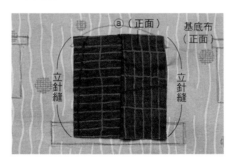

7 布片ⓐ兩側進行立針縫。上下邊布片ⓑ、ⓒ重疊不需進行藏針縫。

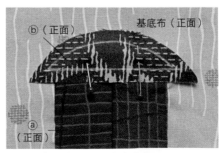

8 布片ⓑ圖案位置以珠針固定。

9 下側直線以針尖摺疊縫份,記號到記號處進行立針縫。縫製邊角時需從邊角出針。

10 裁剪邊角多餘的縫份。

11 銳角縫份分3次摺入才會漂亮,首先縫份一半處以針尖摺疊三角形。

12 再摺疊一次三角形。剩餘的縫份沿著記號以針尖再次摺入。

13 邊角沿記號線整理，以立針縫固定。

14 其餘部分以針尖摺疊縫份，以立針縫固定。

前本體

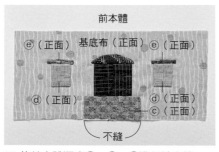

15 依前本體順序ⓒ、ⓓ、ⓔ進行貼布縫。

後本體

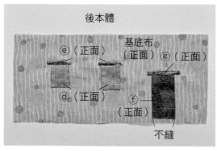

16 後本體基底布同前本體作法，依ⓓ至ⓖ順序進行立針貼布縫。

④ 屋頂及本體重疊刺繡。

＊刺繡參考P.53

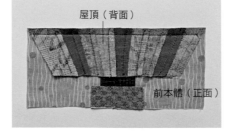

1 貼布縫後的前本體及屋頂正面相對疊合縫合。

2 步驟1縫份倒向屋頂側熨燙整理。

3 刺繡位置鑲入壓線框拉緊布片。

4 布片ⓐ貼布縫側邊進行輪廓繡（黑色・4股）。開始先製作結目從背面入針，完成後在布料背面打結固定。

5 布片ⓐ另一側邊與中央進行輪廓繡。門把進行法國結粒繡・繞4次（黑色・4股）。

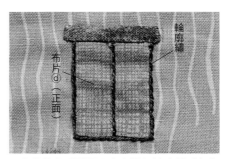

6 布片ⓓ窗戶周圍及中央進行輪廓繡（灰色・4股）。

7 前本體刺繡完成後，屋頂各布片中央壓線處作上記號。

8 後本體依相同方法縫合屋頂，刺繡、描繪壓線記號。

⑤ 重疊3層疏縫固定

1 前本體裡布、鋪棉周圍外加2至3cm縫份。

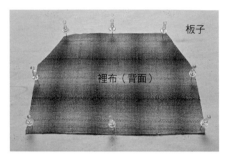

2 裡布背面朝上放置在板子上，整理形狀以圖釘固定。

3 步驟**2**裡布疊上鋪棉，注意表面必須平整，一邊拆開圖釘調整再釘上。

4 步驟**3**中央重疊表布，平整放置，表布周圍以圖釘固定。

5 疏縫固定。疏縫從中央朝邊端縫合。首先製作結目。由中心往左邊挑一大針。連裡布一起挑起，以湯匙提起縫針尖端，即可輕鬆出針。依此方法縫合進行。

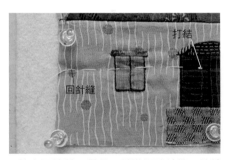

6 縫合至邊端，最後一針進行回針縫。縫線預留2至3cm裁剪。

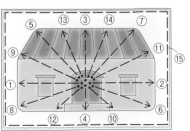

7 依步驟**5**、**6**要領照②至⑭順序。由中心開始以放射狀縫合。
最後周圍縫份疏縫固定（⑮）。後本體也重疊3層疏縫固定。

⑥ 壓線

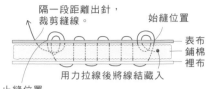

壓線始縫點及止縫點

1 為了保護手指。指尖戴上橡膠保護套或指套。

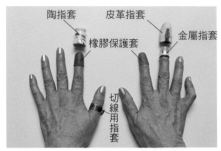

2 壓線從中心往外側縫合。縫線打結，離始縫位置一段距離表面入針（①），裁剪縫線。與鋪棉一起挑起，從始縫位置的1目前出針（②），用力拉線後將線結藏入。

3 回1針後入針（③），與鋪棉一起挑起，同②處出針（④）。

4 再回1針，同③位置入針，與裡布一起挑起縫合。

5 壓線止縫時，距1針出針後，回1針連同鋪棉一起挑起於同一處出針。

6 回到同一處入針。穿過鋪棉隔一段距離出針，布端裁剪縫線。

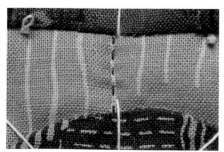

7 壓線1條完成。

落針壓縫

壓線線條

8 先將前本體貼布縫的基底布對齊花紋進行自由壓線。接著門的內側及屋頂壓線，最後則在布片接縫處、貼布縫周圍進行落針壓縫（布片或貼布縫邊緣壓線）。壓線完成後，將外圍的疏縫線拆掉。

9 後本體同前本體壓線處理。

⑦ 製作下側身

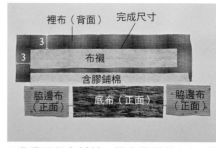

裡布（背面）　完成尺寸
3
3
布襯
含膠鋪棉
脇邊布（正面）　底布（正面）　脇邊布（正面）

1 準備下側身材料。裡布周圍外加3cm裁剪，背面依完成尺寸裁剪，以熨斗燙貼鋪棉。其他部分縫份為1cm。

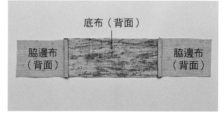

底布（背面）
脇邊布（背面）　脇邊布（背面）

2 底布兩側各自與脇邊布正面相對疊合縫合。縫份倒向底布側熨斗，以熨燙整理。

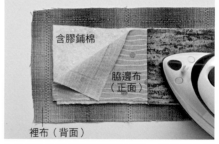

含膠鋪棉
脇邊布（正面）
裡布（背面）

3 步驟2的表布背面對齊鋪棉，重疊裡布背面熨斗熨燙整理。

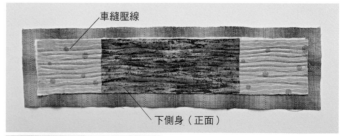

車縫壓線
下側身（正面）

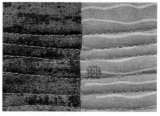

4 對齊印花，自由車縫壓線。下側身完成。

61

⑧製作上側身

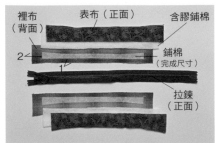

1 表布、雙面含膠鋪棉、裡布拉鍊位置縫份1cm，除了指定處之外，縫份皆為2cm，各自裁剪2片。裡布依完成尺寸裁剪後背面貼上鋪棉。

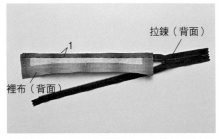

2 裡布與表布正面相對疊合，中間包夾拉鍊（拉鍊打開）。表布背面對齊含膠鋪棉，重疊4片縫合。

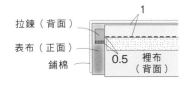

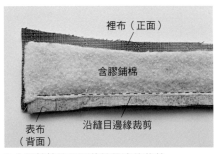

3 含膠鋪棉縫份沿著縫目邊緣裁剪。

7 步驟6的釦絆如圖對摺，固定至5的上側身兩端。

⑧

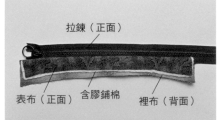

4 翻至正面整理形狀，熨燙含膠鋪棉。

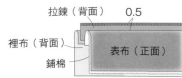

5 拉鍊另一側同2至4順序車縫表布、裡布。接著從表布側壓2條裝飾線。

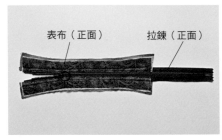

6 裁剪12×4cm釦絆布，以寬1cm作4摺邊車縫。裁剪一半分成2條。

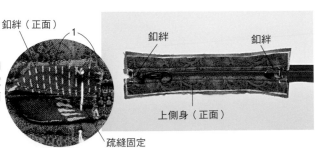

⑨側身及本體接縫。

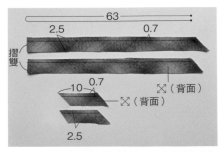

1 裡布裁剪斜布紋布包捲縫份。如圖尺寸各裁剪2片，內邊單側畫上寬0.7cm線條。

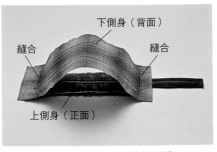

2 上下側身正面相對疊合，車縫兩邊。

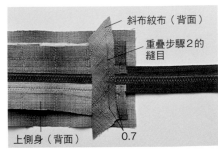

3 步驟2上側身背面與1短斜布紋布正面相對疊合，斜布紋布對齊步驟2縫目車縫。

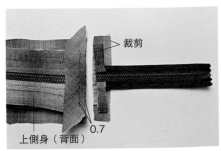

4 側身縫份裁剪0.7cm。

5 側身縫份包捲斜布紋布。縫份厚度較厚，以錐子調整捲起。

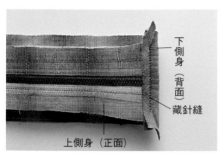

6 步驟**5**的縫份倒向下側身側。

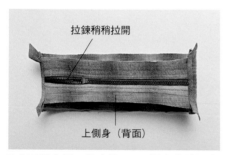

7 上下側身另一端也依**3**至**6**順序車縫側身呈筒狀。拉鍊稍稍拉開。

8 壓線完成的前本體背面，重疊紙型外圍疏縫固定，畫上合印記號。後本體也依相同方法作上記號。

9 步驟**8**前本體與**7**側身正面相對疊合，對齊合印記號四周疏縫固定。

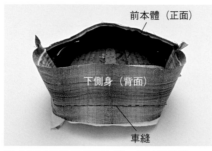

10 步驟**9**的疏縫位置車縫，拆掉疏縫線。

11 相同方法側身另一側與後本體正面相對疊合車縫。

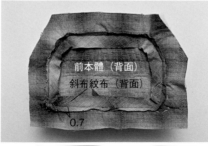

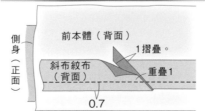

12 前本體背面**10**的縫目與斜布紋布0.7cm線正面相對疊合，重疊縫目車縫。
如圖斜布紋布始點摺疊1cm，止點重疊1cm後，裁剪多餘部分。

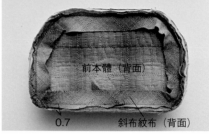

13 對齊斜布紋布縫份的前本體與側身縫份裁剪一致。後本體同樣對齊斜布紋布車縫，裁剪縫份。

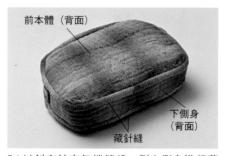

14 以斜布紋布包捲縫份，倒向側身進行藏針縫。

15 翻至正面熨燙整理，完成。

輪廓 → page 6

A   B   C

完成尺寸（3款相同）
　　長25cm　寬23cm
原寸紙型D面

A的材料
灰色條紋布···40×35cm
（前基底布・布片ⓔ・ⓕ・提把）
黑織紋布···35×35cm（後表布、提把）
灰色織紋布···20×25cm（布片ⓐ・ⓑ・ⓒ）
綠色···5×7cm（布片ⓓ）
鋪棉···15×20cm（布片ⓒ）
25號繡線　黑色・綠···各適量

B的材料
棉質布
米色格紋布···40×35cm
（前基底布・布片ⓑ・ⓒ・提把）
米色織紋布···35×35cm（後表布、提把）
咖啡色格紋布···25×17cm（布片ⓐ）
鋪棉···25×15cm（布片ⓐ）
25號繡線　黑色···適量

C的材料
棉質布
灰色印花布···40×35cm
（前基底布・布片ⓒ・提把）
淡咖啡色織紋布···35×35cm（後表布、提把）
深藍色格紋布···18×23cm（布片ⓐ・ⓑ）
鋪棉···13×21cm（布片ⓒ）
25號繡線　黑、藍色···各適量

A作法
1 製作前表布。首先在貼布縫布片布片ⓒ表
　面描繪圖案，背面沿著完成尺寸貼上鋪
　棉。布片ⓒ立針縫貼布縫ⓓ、ⓔ、ⓕ、刺
　繡。描繪前基底布圖案，依ⓐ、ⓑ、ⓒ順
　序進行貼布縫。
　→圖1
2 製作提把。提把布對摺車縫成2cm，縫目
　至中心燙開縫份，翻至表面兩端壓線。製
　作2條。→圖2
3 前後表布正面相對疊合，兩脇邊及底布縫

合。後側縫份包捲前側縫份壓線。→圖3
4 本體上端縫份熨斗熨燙寬2.5cm三摺邊，前
　後布各自包捲提把三摺邊後兩端壓線。翻
　至正面熨燙整理。→圖4・完成圖

B・C作法
貼布縫設計雖然不同，B・C作法同A方法製
作。

A製圖

本體
前表布（貼布縫＋刺繡）｝各1片
後表布（黑色織紋布）

提把縫製位置

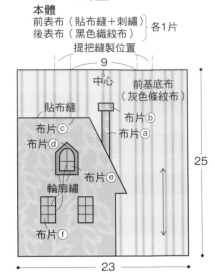

9
中心
貼布縫
前基底布（灰色條紋布）
布片ⓑ
布片ⓒ
布片ⓐ
布片ⓓ
布片ⓔ
輪廓繡
布片ⓕ
25
23

提把
（灰色織紋布）（淡咖啡色織紋布）各1片

4
31

B製圖

本體
前表布（貼布縫＋刺繡）｝各1片
後表布（米色織紋布）

提把縫製位置

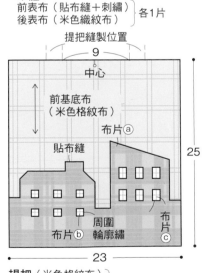

9
中心
前基底布（米色格紋布）
布片ⓐ
貼布縫
周圍輪廓繡
布片ⓑ
布片ⓒ
25
23

提把（米色格紋布）（米色織紋布）各1片

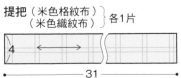

4
31

C製圖

本體
前表布（貼布縫＋刺繡）｝各1片
後表布（淡咖啡色織紋布）

提把縫製位置

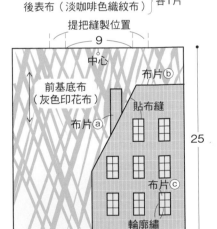

9
中心
布片ⓑ
前基底布（灰色印花布）
布片ⓐ
貼布縫
布片ⓒ
輪廓繡
25
23

提把（灰色織紋布）（淡咖啡色織紋布）各1片

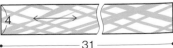

4
31

*前表布（基底）上端3.5cm、其他均為0.7cm、
　後表布上端3.5cm、其他均為2cm縫份裁剪。
*貼布縫縫份為0.3至0.4cm、提把縫份為1cm。

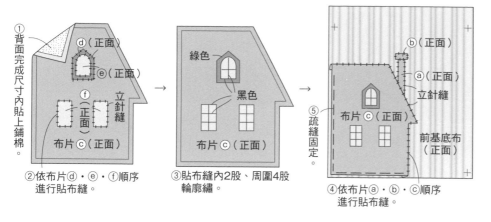

圖1 貼布縫

① 背面完成尺寸內貼上鋪棉。

d（正面）
e（正面）
f（正面）
立針縫
布片ⓒ（正面）

② 依布片ⓓ·ⓔ·ⓕ順序進行貼布縫。

→

綠色
黑色
布片ⓒ（正面）

③ 貼布縫內2股、周圍4股輪廓繡。

→

ⓑ（正面）
ⓐ（正面）
立針縫
布片ⓒ（正面）
前基底布（正面）
⑤ 疏縫固定。

④ 依布片ⓐ·ⓑ·ⓒ順序進行貼布縫。

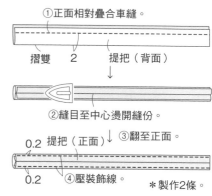

圖2 提把

① 正面相對疊合車縫。

摺雙 2 提把（背面）

↓

② 縫目至中心燙開縫份。

0.2 提把（正面）
0.2 ④ 壓裝飾線。
③ 翻至正面。
＊製作2條。

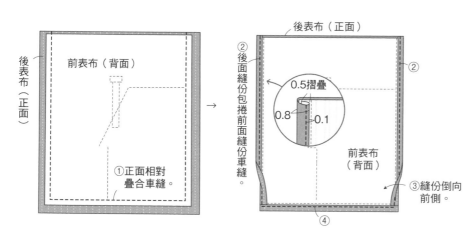

圖3 前後車縫

後表布（正面）
前表布（背面）
① 正面相對疊合車縫。

→

後表布（正面）
② 後面縫份包捲前面縫份車縫。
0.5 摺疊
0.8 0.1
前表布（背面）
③ 縫份倒向前側。
④

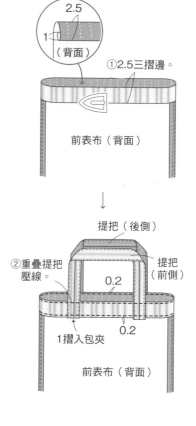

圖4 上端·提把縫法

2.5
1
（背面）

① 2.5三摺邊。

前表布（背面）

↓

提把（後側）
提把（前側）
② 重疊提把壓線。
0.2
0.2
1摺入包夾
前表布（背面）

完成圖

A

B

C
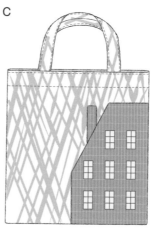

彩繪小屋 → page 8

★完成尺寸
　長31cm　寬28cm　側身寬9cm
★前本體原寸紙型A面。

材料
棉質布
　布片約45種…各適量（布片）
　格紋ⓐ…45×95cm（前本體口布・後本體
　・側身・提把裝飾布・本體口斜紋布）
　格紋ⓑ…55×100cm（裡布）
　鋪棉…55×100cm
　厚鋪棉…10×90cm（側身）
　薄鋪棉…5×30cm（提把裝飾布）
　棉織帶…寬3cm　60cm（提把）

作法
1 製作12片前本體小屋接縫。縫份前後左右
　交錯倒下。接縫上端口布。→圖1
2 前本體及後本體各自疊合裡布、鋪棉、表
　布3層疏縫並壓線。
3 提把用織帶壓線固定提把裝飾布。提把製
　作2條。→圖2
4 前本體、後本體開口各自包捲斜布紋布固
　定。→圖3
5 製作側身。表布、厚鋪棉及內側裡布正面
　相對疊合，表布背面重疊鋪棉車縫口側。
　縫份翻至正面熨燙整理，壓線。→圖4
6 本體及側身正面相對疊合車縫。側身裡布
　包捲縫份。翻至正面熨燙整理。→圖5

製圖

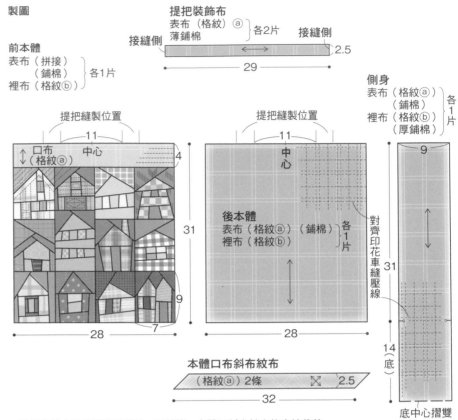

提把裝飾布
表布（格紋）ⓐ
薄鋪棉 }各2片
接縫側　　　接縫側
2.5
29

前本體
表布（拼接）
　（鋪棉）}各1片
裡布（格紋ⓑ）

提把縫製位置
11
口布（格紋ⓐ）
中心
4
31
9
7
28

提把縫製位置
11
中心
後本體
表布（格紋ⓐ）（鋪棉）
裡布（格紋ⓑ）}各1片
對齊印花車縫壓線
28

側身
表布（格紋ⓐ）
　（鋪棉）
裡布（格紋ⓑ）
　（厚鋪棉）}各1片
9
31
14（底）
底中心摺雙

本體口布斜布紋布
（格紋ⓐ）2條　　2.5
32

＊提把裝飾布接縫側及薄鋪棉、厚鋪棉，本體口斜布紋布均直接裁剪。
　裡布、鋪棉3cm，其餘0.7cm縫份。

圖1　前本體表布接縫

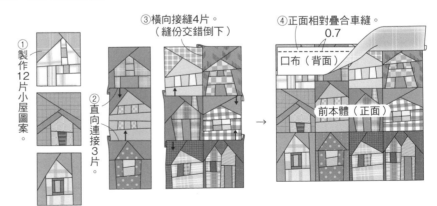

①製作12片小屋圖案。
②直向連接3片。
③橫向接縫4片。（縫份交錯倒下）
④正面相對疊合車縫。
0.7
口布（背面）
前本體（正面）

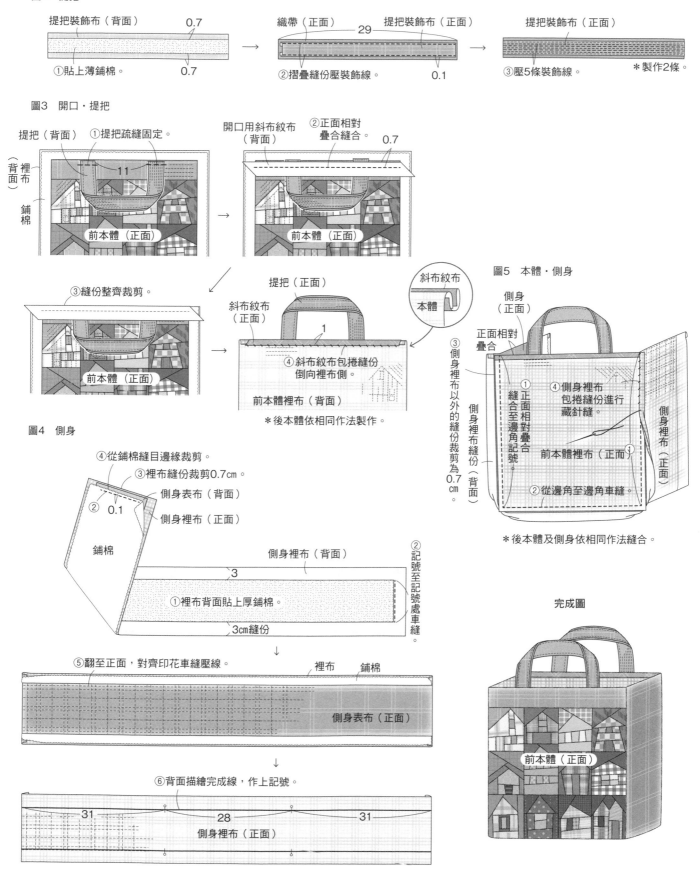

圖2　提把

提把裝飾布（背面）　　　　　0.7

①貼上薄鋪棉。　　　　　　　0.7

織帶（正面）　　提把裝飾布（正面）
29

②摺疊縫份壓裝飾線。　　0.1

提把裝飾布（正面）

③壓5條裝飾線。　　　＊製作2條。

圖3　開口‧提把

提把（背面）　①提把疏縫固定。

（背面）裡布　鋪棉

11

前本體（正面）

開口用斜布紋布（背面）　②正面相對疊合縫合。　0.7

前本體（正面）

③縫份整齊裁剪。

前本體（正面）

提把（正面）

斜布紋布（正面）

斜布紋布
本體

1

④斜布紋布包捲縫份倒向裡布側。

前本體裡布（背面）

＊後本體依相同作法製作。

圖4　側身

④從鋪棉縫目邊緣裁剪。
③裡布縫份裁剪0.7cm。
側身表布（背面）
側身裡布（正面）
②　0.1
鋪棉

②記號至記號處車縫。

側身裡布（背面）
3
①裡布背面貼上厚鋪棉。
3cm縫份

⑤翻至正面，對齊印花車縫壓線。
裡布　鋪棉

側身表布（正面）

⑥背面描繪完成線，作上記號。

31　　　28　　　31

側身裡布（正面）

圖5　本體‧側身

側身（正面）

正面相對疊合

①正面相對縫合至邊角記號

④側身裡布包捲縫份進行藏針縫。

前本體裡布（正面）

②從邊角至邊角車縫。

③側身裡布以外的縫份裁剪為0.7cm。

側身裡布縫份（背面）

側身裡布（正面）

＊後本體及側身依相同作法縫合。

完成圖

前本體（正面）

67

熱鬧繁華的街景 → page 10

★完成尺寸
　長33cm　寬108cm
★原寸紙型A面

材料

棉質布

　布片約95種…各適量（貼布縫）
　印花布…105×30cm（基底布）
　直條織紋布…40×110cm（邊條A・B）
　格紋織紋印花布…155×45cm
　（裡布・包捲縫份斜紋布）
　鋪棉…120×40cm
　25號繡線　咖啡色・深咖啡色・銀灰色・深
　灰色・灰色・淡灰色・原色・灰粉色・鮭
　魚粉紅色・淡綠色・芥末黃色・淡藍色・
　黑色…各適量

作法

1　基底布描繪圖案，貼布縫及刺繡以立針縫
　　固定。→圖1、製圖及紙型（刺繡）
2　步驟1的左右從條紋A邊端至邊端縫合、
　　縫份裁剪0.7cm，縫份倒向條紋A側。
3　步驟2的上下從條紋B邊端至邊端縫合、
　　縫份裁剪0.7cm，縫份倒向條紋B側。
　　表布完成。
4　裡布、鋪棉、表布3層重疊疏縫固定、壓
　　線。→製圖
5　周圍縫份包捲2.5cm斜布紋布縫合。→圖2

製圖　表布（拼接、貼布縫＋刺繡）
　　　（鋪棉）　　　　　　　　各1片
　　　裡布（格紋）　各1片

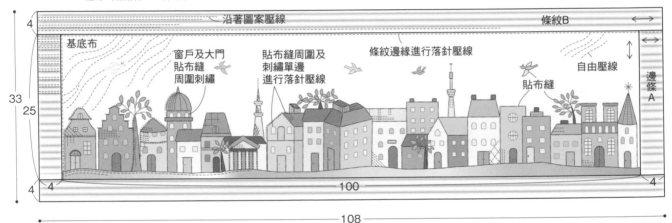

＊貼布縫縫份0.3至0.4cm・基底布・邊條A・B1cm・鋪棉・裡布縫份為3cm。
＊邊條布（直條織紋布）2.5×35cm、2.5×110cm各裁剪2條。

圖1　貼布縫　　　圖2　縫份處理

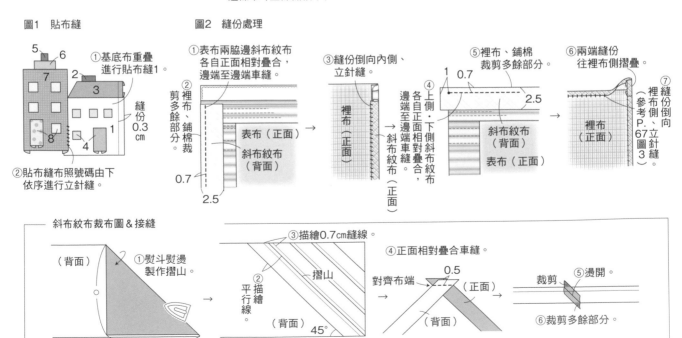

筆袋 → page 12

★ 完成尺寸
　長約5cm　口寬16.5cm
★ 原寸紙型C面

材料
棉質布
　藍色×咖啡色格紋布…20×13cm
　（前面・後面）
　灰綠色格紋布…20×8cm（底布）
　咖啡色格紋布…16×6cm（側身）
　布片11種…各適量（貼布縫）
　灰色印花布…27×16cm（裡布）
雙面布襯鋪棉…20×16cm
口金…16.5×3.5cm　1個
紙繩50cm
25號繡線　紅色・咖啡色・深咖啡色・藍色
　・深灰色・銀灰色・黃綠色・綠色・黑
　色…各適量
手工藝接著劑

作法
1 前基底布，依照布片①至⑪順序進行貼布
　立針縫、刺繡。後基底布也完成貼布縫、
　刺繡。

2 底布上下前、後面縫合，縫份各自倒向底
　側。

3 步驟2的表、裡布正面相對疊合，裡布背
　面重疊鋪棉，預留返口周圍縫合。
　裁剪多餘鋪棉，翻至正面返口進行藏針
　縫，熨燙整理、貼合鋪棉。→圖1

4 側身的表、裡布，同步驟3作法接縫鋪
　棉，翻至正面熨燙整理。

5 本體及側身正面相對疊合，表布進行捲針
　縫、裡布以平針縫固定。（參考P.76圖2
　①②）。

6 翻至正面裝上口金。→圖2

製圖
本體　表布（拼接、貼布縫＋刺繡）｝各1片
　　　（鋪棉）
　　　裡布（灰色印花布）

側身　表布（咖啡色格紋布）｝各2片
　　　（鋪棉）
　　　裡布（灰色印花布）

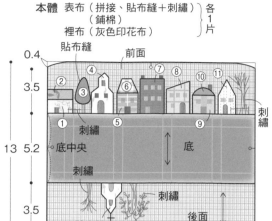

*貼布縫布縫份0.3至0.4cm、
　除了指定處之外，
　縫份皆為1cm。

圖1　本體縫合

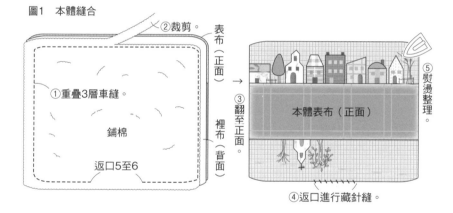

①重疊3層車縫。
鋪棉
返口5至6
②裁剪。
③翻至正面
④返口進行藏針縫。
⑤熨燙整理。

圖2　口金製作

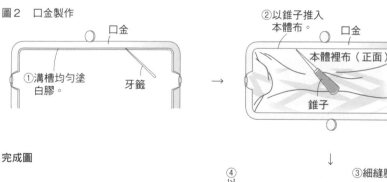

口金
①溝槽均勻塗白膠。
牙籤
②以錐子推入本體布。
本體裡布（正面）
錐子

完成圖

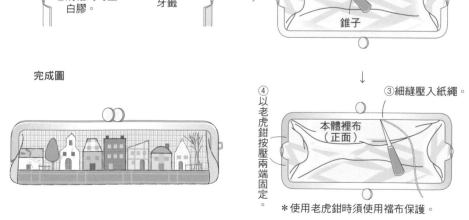

③細縫壓入紙繩。
④以老虎鉗按壓兩端固定。
本體裡布（正面）
*使用老虎鉗時須使用檔布保護。

春夏秋冬 → page 14

春　　　　　　夏　　　　　　秋　　　　　　冬

★完成尺寸（畫框尺寸4款相同）
　畫框內側9×9cm　外側14.8×14.8cm
★原寸紙型A面，製圖參考紙型。

春
棉質布
　米色葉子圖案…15×12cm（基底布）
　青綠色條紋布…6×6cm（布片①）
　深灰色印花布…2×4cm（布片②）
　咖啡色印花布…8×8cm（布片③⑥）
　灰色格子布…6×4cm（布片④）
　灰色條紋布…4×4cm（布片⑤）
　水藍色格子…10×10cm（布片⑦）
　灰色印花布…15×6cm（布片⑧）
　淡灰色×水藍色格子
　　…5×5cm（布片⑨）
鋪棉…15×15cm
25號繡線　藍色・黃綠色・橘色
　　…各適量
膠帶…適量
畫框　深咖啡色…1個

夏
棉質布
　黑色印花布…15×15cm（基底布）
　深咖啡色印花布…10×10cm（布片①）
　橘色印花布…2×2cm（布片②）
　紅咖啡色印花布…7×7cm（布片③）
　綠色印花布…7×7cm（布片④）
　黃土色印花布…3×3cm（布片⑤）
鋪棉…15×15cm
25號繡線　銀灰色・深咖啡色・黃色
　　…各適量
膠帶…適量
畫框　深咖啡色…1個

秋
棉質布
　淡煙燻灰色印花布…15×15cm（基底布）
　深灰色印花布…4×7cm（布片①）
　咖啡色印花布…2.5×7cm（布片②）
　淡咖啡色格紋布…7×7cm（布片③）
　深綠色印花布…4×4cm（布片④）
　灰色印花布…4×5cm（布片⑤）
　咖啡色格紋布…4×5cm（布片⑥）
　紅咖啡色印花布…1.5×3cm（布片⑦）
鋪棉…15×15cm
25號繡線　咖啡色・原灰色・黑色
　　…各適量
膠帶…適量
畫框　深咖啡色…1個

冬
棉質布
　淡灰色印花布…15×15cm（基底布）
　紅色格紋布…9×6cm（布片①）
　深灰色印花布…3×3cm（布片②）
　深咖啡色印花布…9×9cm（布片③）
　白色印花布…9×9cm（布片④）
　藍色印花布ⓐ…5×3cm（布片⑤）
　紅色縞布…5×9cm（布片⑥）
　藍色印花布ⓑ…5×4cm（布片⑦）
鋪棉…15×15cm
25號繡線　白色・奶油色・黑色…各適量
膠帶…適量
畫框　深咖啡色…1個

作法（4款相同）
1 基底布描繪紙型及圖案。
2 拼接需要的部分先縫合固定，基底布以貼布立針縫固定，刺繡（參考紙型）。
3 背面重疊鋪棉，包捲畫框台紙，背面以膠帶固定。放進畫框內。

作法重點 ＊製圖參考紙型。
＊貼布縫縫份0.3至0.4cm（外圍則為1.5至2cm）裁剪，基底布縫份為3cm。

小物包　→ page 44

★完成尺寸
　長16.2cm　口寬11.4cm
★原寸紙型C面

材料
棉質布
　布片7種…各適量（布片）
　織紋布ⓐ…5×6cm（吊環布）
　格紋布…寬3.5cm斜紋布　20cm　1條
　（袋底的斜紋布）
　織紋布ⓑ…30×20cm
　（裡布、拉鍊邊端襠布）
　鋪棉…30×20cm
　拉鍊…長20cm　1條
　吊環…直徑3.2cm　1個

作法
1 製作吊環。→圖1
2 製作拼接前本體、後本體表布。→製圖
3 前本體、後本體表布各自與裡布正面相對
　疊合，裡布背面重疊鋪棉，預留返口縫
　合。裁剪多餘鋪棉。翻至正面，疏縫固定
　壓線及落針壓線。→圖2（①②）
4 前本體及後本體正面相對疊合，預留拉鍊
　縫製位置，表布以捲針縫固定。（參考
　P.76圖2（①②）。縫合拉鍊。摺疊拉鍊
　上側邊端，回針縫表面請藏好縫線。→圖
　2（③至⑤）
5 袋底縫份包捲3.5cm斜布紋織帶固定。→圖
　3

製圖

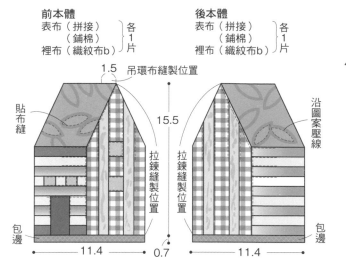

前本體
表布（拼接）
（鋪棉）　}各
裡布（織紋布b）} 1 片

後本體
表布（拼接）
（鋪棉）　}各
裡布（織紋布b）} 1 片

1.5　吊環布縫製位置

15.5

貼布縫

拉鍊縫製位置

沿圖案壓線

拉鍊縫製位置

包邊

包邊

11.4　　0.7　　11.4

吊環布
（織紋布ⓐ）
1片

4

3

拉鍊邊端襠布
（織紋布ⓑ）1片

1.2

3

＊底斜布紋布直接裁剪，
　除了指定處之外，
　縫份皆為0.7cm。

圖1　吊環

①縫目置於中心。

②對摺。

③包夾吊環。

＊可開合的吊環
　可以最後再放上。

（背面）　0.7cm縫份

（正面）車邊

1.5

袋底的斜紋布
（格紋布）1片

3.5

20

圖2　前後本體・拉鍊

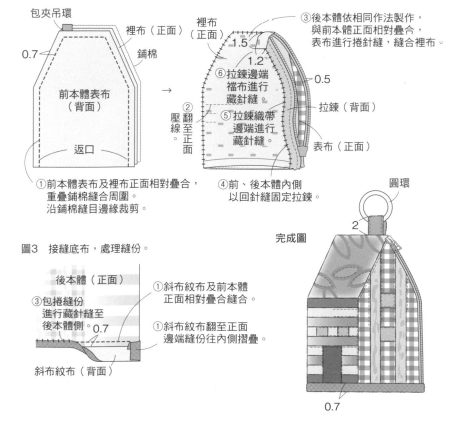

包夾吊環

裡布（正面）

鋪棉

0.7

前本體表布
（背面）

返口

①前本體表布及裡布正面相對疊合，
　重疊鋪棉縫合周圍。
　沿鋪棉縫目邊緣裁剪。

裡布（正面）

1.5
1.2

②翻至正面
壓線。

③後本體依相同作法製作，
　與前本體正面相對疊合，
　表布進行捲針縫，縫合裡布。

⑥拉鍊邊端襠布進行藏針縫。

⑤拉鍊織帶邊端進行藏針縫。

0.5

拉鍊（背面）

表布（正面）

④前、後本體內側
　以回針縫固定拉鍊。

圖3　接縫底布，處理縫份。

後本體（正面）

③包捲縫份進行藏針縫至後本體側。0.7

①斜布紋布及前本體正面相對疊合縫合。

①斜布紋布翻至正面邊端縫份往內側摺疊。

斜布紋布（背面）

完成圖

圓環

2

0.7

波士頓包 → page18

★完成尺寸
　　長22.2cm　寬32.5cm　側身寬6cm
★前本體請見原寸紙型C面

材料
棉質布
　　布片約30種…各適量（布片）
　　格紋ⓐ…110×25cm（後本體・側身A・B）
　　格紋ⓑ…40×35cm（外口袋）
　　織紋布ⓒ…10×90cm（提把裝飾布）
　　織紋布ⓓ…20×10cm（釦絆）
　　織紋布ⓔ…65×90cm（裡布・內口袋・
　　縫份用斜紋布）
鋪棉…80×60cm
厚鋪棉…60×6cm（側身B）
薄鋪棉…90×10cm
　　（側身A・提把裝飾布）
雙面黏著貼紙…35×35cm（外・內口袋）
拉鍊　長44cm…1條
亞麻混織帶　寬2.5cm…180cm（提把）
珠珠　直徑0.7cm　長2cm…2個（穿過蠟繩・
　　拉鍊裝飾用）
蠟繩　寬0.3cm…適量
　　（拉鍊裝飾用）
25號繡線　咖啡色、灰色、深灰色…各適量

作法
1　提把用織帶車縫至提把裝飾布，製作2條提
　　把。→圖1
2　製作珠珠刺繡的前本體表布、刺繡。→圖2
　　裡布、鋪棉、3層表布重疊車縫壓線。→製
　　圖
3　後本體重疊裡布、鋪棉、表布三層疏縫固定
　　並壓線。裁剪多餘部分。→製圖
4　製作外口袋及內口袋。→圖3
5　外口袋、內口袋各自疊合後本體正反面，避
　　開內口袋接縫提把。→圖4　以前本體相同
　　作法接縫提把。
6　製作側身A（參考P.62）製作釦絆。
　　側身A兩脇邊疏縫暫時固定。→圖5
7　側身B裡布的背面貼上厚鋪棉，三層疊合並
　　壓線。→製圖

8　側身A・B正面相對縫合。縫份2.5cm包捲
　　斜布紋布，倒向側身B側進行藏針縫。
　　→圖2

9　前本體、後本體與步驟8正面相對疊合車
　　縫。縫份2.5cm包捲斜布紋布，倒向本體側
　　進行藏針縫。裝上拉鍊裝飾。→圖7

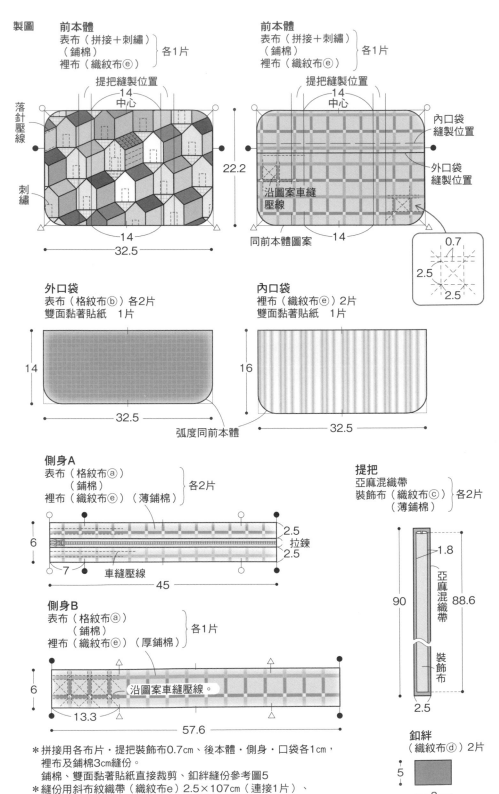

製圖

前本體
表布（拼接＋刺繡）
（鋪棉）　　　　　各1片
裡布（織紋布ⓔ）

提把縫製位置
14
中心
落針壓線
刺繡
22.2
14
32.5

前本體
表布（拼接＋刺繡）
（鋪棉）　　　　　各1片
裡布（織紋布ⓔ）

提把縫製位置
14
中心
內口袋縫製位置
外口袋縫製位置
沿圖案車縫壓線
同前本體圖案
14

0.7
2.5
2.5

外口袋
表布（格紋布ⓑ）各2片
雙面黏著貼紙　1片

14
32.5
弧度同前本體

內口袋
裡布（織紋布ⓔ）2片
雙面黏著貼紙　1片

16
32.5

側身A
表布（格紋布ⓐ）
（鋪棉）　　　　　　各2片
裡布（織紋布ⓔ）（薄鋪棉）

6
2.5
拉鍊
2.5
7
車縫壓線
45

側身B
表布（格紋布ⓐ）
（鋪棉）　　　　　各1片
裡布（織紋布ⓔ）（厚鋪棉）

6
沿圖案車縫壓線。
13.3
57.6

提把
亞麻混織帶
裝飾布（織紋布ⓒ）　各2片
（薄鋪棉）

1.8
亞麻混織帶
90
88.6
裝飾布
2.5

釦絆
（織紋布ⓓ）2片
5
8

＊拼接用各布片・提把裝飾布0.7cm，後本體・側身・口袋各1cm，
　裡布及鋪棉3cm縫份。
　鋪棉、雙面黏著貼紙直接裁剪・釦絆縫份參考圖5
＊縫份用斜布紋織帶（織紋布ⓔ）2.5×107cm（連接1片）、
　2.5×8cm各2片裁剪。

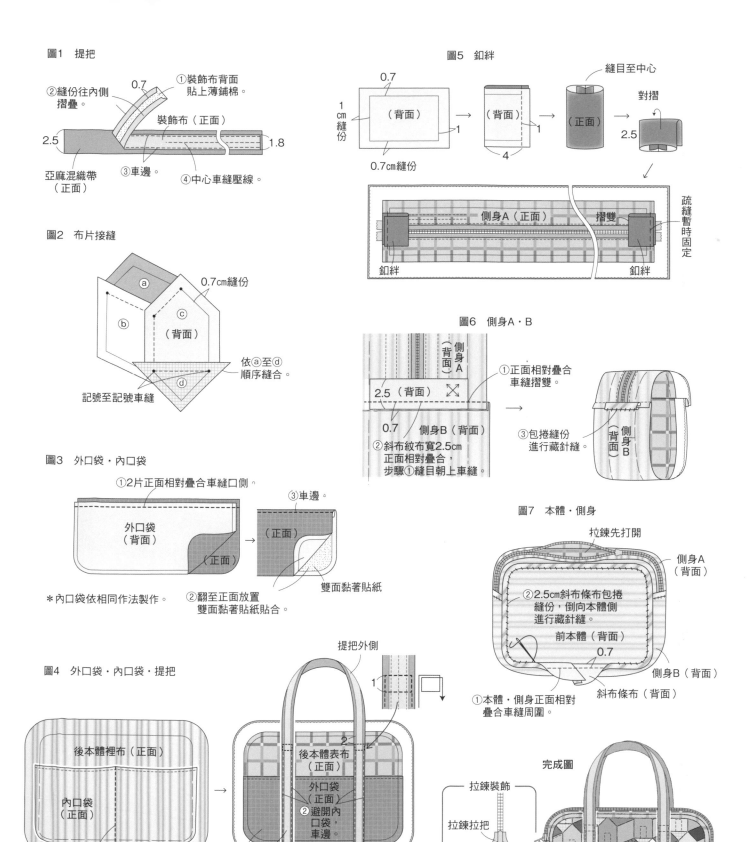

圖1　提把
①裝飾布背面貼上薄鋪棉。
②縫份往內側摺疊。
0.7
裝飾布（正面）
2.5
1.8
亞麻混織帶（正面）
③車邊。
④中心車縫壓線。

圖2　布片接縫
0.7cm縫份
ⓐ
ⓑ
ⓒ
（背面）
ⓓ
依ⓐ至ⓓ順序縫合。
記號至記號車縫

圖3　外口袋・內口袋
①2片正面相對疊合車縫口側。
外口袋（背面）
③車邊。
（正面）
（正面）
②翻至正面放置雙面黏著貼紙貼合。
雙面黏著貼紙
＊內口袋依相同作法製作。

圖4　外口袋・內口袋・提把
後本體裡布（正面）
內口袋（正面）
①重疊內口袋，中心間隔車縫壓線。
提把外側
1
後本體表布（正面）
外口袋（正面）
②避開內口袋，車邊。
外口袋與提把重疊
③提把固定後，內口袋熨燙整理，外圍縫份疏縫固定。
避開內口袋

圖5　釦絆
0.7
1cm縫份
（背面）
1
0.7cm縫份
（背面）
1
4
（正面）
縫目至中心
對摺
2.5
側身A（正面）
摺雙
釦絆
釦絆
疏縫暫時固定

圖6　側身A・B
側身A（背面）
2.5（背面）
0.7　側身B（背面）
①正面相對疊合車縫摺雙。
②斜布紋布寬2.5cm正面相對疊合，步驟①縫目朝上車縫。
③包捲縫份進行藏針縫。
側身B（背面）

圖7　本體・側身
拉鍊先打開
側身A（背面）
②2.5cm斜布條布包捲縫份，倒向本體側進行藏針縫。
前本體（背面）
0.7
側身B（背面）
①本體・側身正面相對疊合車縫周圍。
斜布條布（背面）

完成圖
拉鍊裝飾
拉鍊拉把
蠟繩
珠珠

73

煙囪之家 → page 22

★完成尺寸
　正面長12cm　脇邊長6.5cm　底部14×10cm
★原寸紙型C面

材料

棉質布
　綠色格紋布…40×20cm
　（布片ⓐ・ⓒ・ⓓ・ⓕ）
　藍灰色條紋布…20×15cm（布片ⓑ）
　深咖啡色格紋布…18×25cm
　（布片ⓔ・ⓖ、底部）
　黃色格紋布…10×7cm（窗戶貼布縫）
　深綠格紋布…10×4cm（窗戶貼布縫）
　黃色印花布…50×25cm（裡布）
單面鋪棉…50×25cm
鋪棉…50×25cm
塑膠板…50×25cm
25號繡線　綠色…適量

作法

1 接縫正面布片ⓐ・ⓑ・ⓒ・ⓓ。從記號開始下側車縫。→圖1

2 步驟1的表面進行貼布立針縫。窗戶進行貼布縫。→圖2

3 步驟2和布片ⓔ正面相對疊合，背面貼上單面鋪棉襯。→圖3

4 正面的裡布背面貼上鋪棉，與3表布正面相對疊合翻至正面，放入塑膠板，下端疏縫固定。製作側面2片。→圖4

5 同1至4要領製作側面2片。→圖5

6 底表布背面貼上單面鋪棉，接縫正面、側面。縫份倒向底布側，縫份下塞入塑膠板。→圖6

7 底裡布背面貼上鋪棉，摺疊周圍縫份步驟6進行藏針縫。→圖7

8 翻起7的正面及側面，各邊使用彎針進行藏針縫。→完成圖

製圖

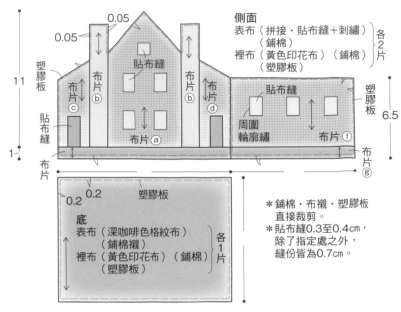

正面　表布（拼接・貼布縫・刺繡）
　　　（鋪棉）
　　　裡布（黃色印花布）（鋪棉）（塑膠板）｝各2片

側面
　表布（拼接・貼布縫＋刺繡）
　　　（鋪棉）
　　　裡布（黃色印花布）（鋪棉）
　　　（塑膠板）｝各2片

底
　表布（深咖啡色格紋布）
　　　（鋪棉襯）
　　　裡布（黃色印花布）（鋪棉）
　　　（塑膠板）｝各1片

＊鋪棉・布襯・塑膠板
　直接裁剪。
＊貼布縫0.3至0.4cm，
　除了指定處之外，
　縫份皆為0.7cm。

圖1　布片ⓐ至ⓓ接縫

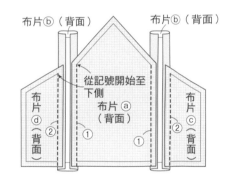

圖2　貼布縫及刺繡

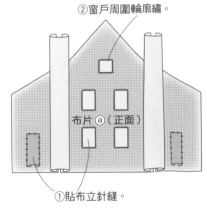

圖3　布片ⓐ至ⓓ接縫

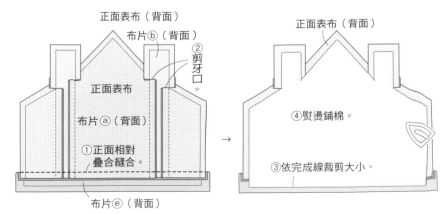

74

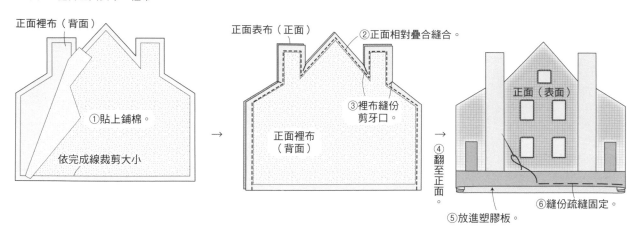

圖4 縫合正面表布‧裡布

正面裡布（背面）

正面表布（正面）

②正面相對疊合縫合。

①貼上鋪棉。

依完成線裁剪大小

③裡布縫份剪牙口。

正面裡布（背面）

正面（表面）

④翻至正面。

⑤放進塑膠板。

⑥縫份疏縫固定。

圖5 側面

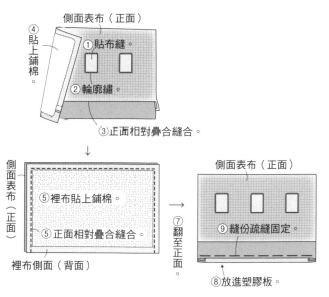

側面表布（正面）

④貼上鋪棉。

①貼布縫。

②輪廓繡。

③正面相對疊合縫合。

側面表布（正面）

⑤裡布貼上鋪棉。

⑤正面相對疊合縫合。

裡布側面（背面）

側面表布（正面）

⑦翻至正面。

⑨縫份疏縫固定。

⑧放進塑膠板。

圖6 底表布縫法

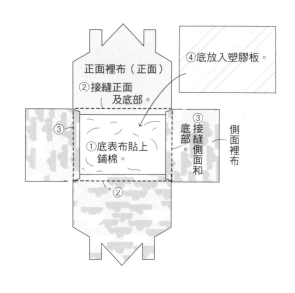

正面裡布（正面）

②接縫正面及底部。

④底放入塑膠板。

③接縫側面和底部。

③

①底表布貼上鋪棉。

②

側面裡布

圖7 底裡布縫法

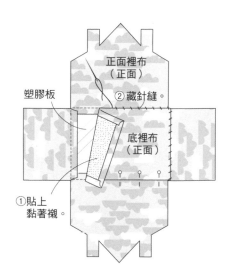

正面裡布（正面）

②藏針縫。

塑膠板

底裡布（正面）

①貼上黏著襯。

完成圖

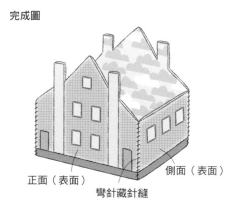

正面（表面）

側面（表面）

彎針藏針縫

冬之鳥 → page 16

★完成尺寸

長約11cm　口寬約12cm

★原寸紙型D面

材料

棉質布

　灰色印花布…40×15cm（前片・後片）

　深咖啡色格紋布…18×10cm（底布）

　灰色條紋布…30×15cm（側身）

　布片10種…各適量（貼布縫）

　格紋布…35×30cm（裡布）

鋪棉…35×30cm

口金…12×5.5cm　1個

紙繩50cm

25號繡線　橄欖色・咖啡色・灰色・黑色・

　水藍色…各適量

作法

1 前面基底布依布片①至⑭順序進行貼布
　縫、刺繡。後片同前片作法進行貼布縫及
　刺繡。

2 縫合底布上下的前後面。縫份倒向底側。

3 步驟2的本體表布、側身表布描繪壓線。

4 本體表布及裡布正面相對疊合，裡布背面
　重疊鋪棉縫合，裁剪多餘鋪棉。翻至正
　面，返口進行藏針縫，壓線。→圖1

5 同本體縫合側身，壓線。→製圖

6 本體與側身正面相對疊合，表布進行捲針
　縫後，縫合裡布。→圖2

7 翻至正面裝上口金。（參考P.69圖2）。

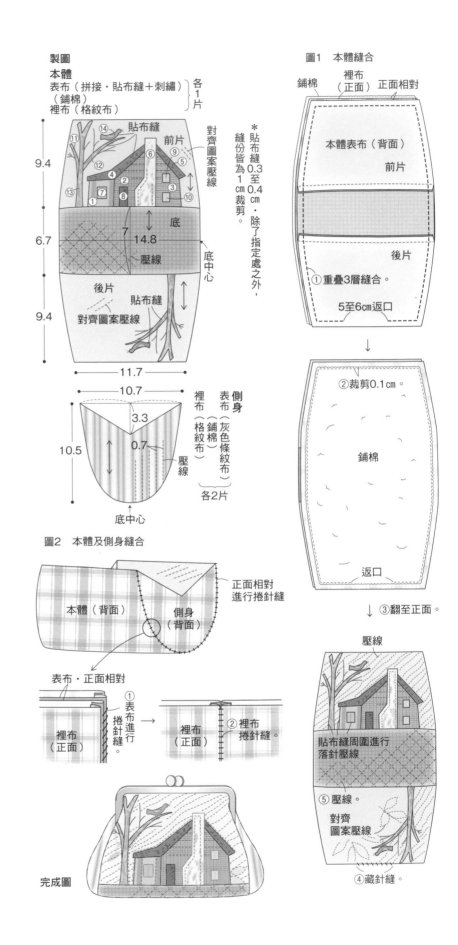

午餐包 → page 24

★完成尺寸
脇邊長約11cm 底寬約11×11cm

★原寸紙型D面

材料
棉質布
　藍色格紋布…35×45cm
　（前表布片ⓐ・後表布）
　藍色暈染格紋布…12×12cm
　（前面布片ⓑ）
　咖啡色格紋布…35×35cm（側面表布）
　布片6種…各適量（布片①至⑦）
　藍色…60×45cm（裡布）
25號繡線 黑色・綠色・藍色…各適量

作法
1 前表布片ⓐ描繪圖案。依照布片順序①至⑦進行藏針貼布縫並刺繡。
2 前表布片ⓐ與布片ⓑ正面相對疊合縫合，縫份倒向布片ⓑ熨燙整理。
3 前表布與裡布正面相對疊合，預留返口縫合。翻至正面熨燙整理。返口進行藏針縫。→圖1 後片依相同作法車縫。
4 側身表布與裡布正面相對疊合縫合。→圖2 從上端翻至正面熨燙整理形狀。製作2片。
5 前片與側面正面相對疊合，從止縫點至底中心，表布進行捲針縫，裡布縫合固定。→圖3（參考P.76圖2 ①②）依相同要領縫合4片。
6 2片側面上端正面相對疊合縫合，一邊的縫份0.7cm裁剪，另一側縫份包捲進行藏針縫。→圖4

製圖

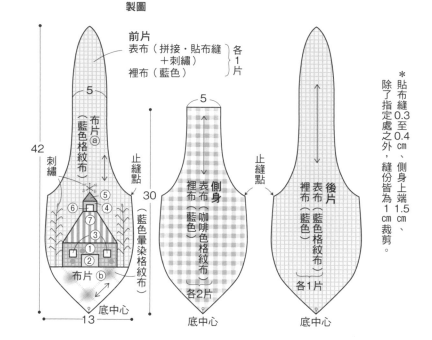

前片
表布（拼接・貼布縫＋刺繡）各1片
裡布（藍色）

布片ⓐ（藍色格紋布）
刺繡
止縫點
5
42
30（藍色暈染格紋布）
布片ⓑ
13
底中心

側身
表布（咖啡色格紋布）
裡布（藍色）
各2片
5
止縫點
底中心

後片
表布（藍色格紋布）
裡布（藍色）
各1片
底中心

＊貼布縫0.3至0.4cm，除了指定處之外，側身上端為1.5cm、縫份皆為1cm裁剪。

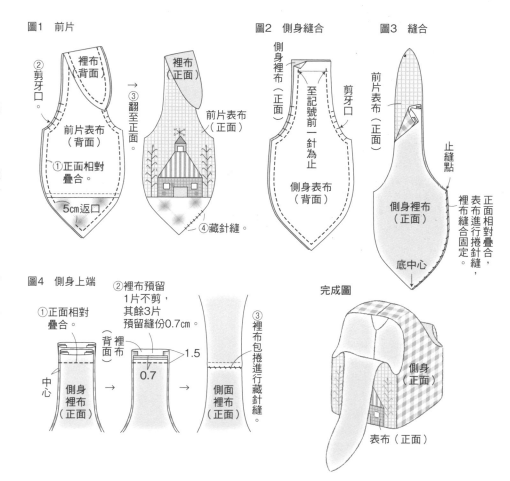

圖1 前片
②剪牙口。
裡布背面
前片表布（背面）
①正面相對疊合。
5cm返口
③翻至正面。
裡布（正面）
前片表布（正面）
④藏針縫。

圖2 側身縫合
側身裡布（正面）
至記號前一針為止
剪牙口
側身表布（背面）

圖3 縫合
前片表布（正面）
止縫點
側身裡布（正面）
底中心
正面相對疊合，表布進行捲針縫，裡布縫合固定。

圖4 側身上端
①正面相對疊合。
中心
裡布背面
②裡布預留1片不剪，其餘3片預留縫份0.7cm。
0.7
1.5
③裡布包捲進行藏針縫。
側面裡布（正面）

完成圖
側身（正面）
表布（正面）

肩背包 → page 26

前　後

★完成尺寸
　長20.7cm　寬約32cm　側身寬約3.5cm
★原寸紙型B面

材料
棉質布
　格紋布ⓐ…10×10cm（貼布縫）
　格紋布ⓑ…10×10cm（釦絆）
　印花布ⓒ…75×50cm（前本體・後本體・
　口布・貼邊・本體口滾邊斜布條）
　印花布ⓓ…80×60cm（中袋・內口袋・裡
　布・拉鍊口袋袋布A・B・縫份用斜紋布）
　薄鋪棉…35×5cm（貼邊・釦絆）
　拉鍊　長27cm…2條
　亞麻混織帶…寬3cm×150cm（肩繩A・B）
　D環・日型環…內徑3cm　各1個

作法
1 前本體表布小屋進行貼布縫。車縫尖褶，
　縫份倒向下側。→圖1
2 後本體表布及袋布A背面相對疊合周圍縫
　份疏縫固定。貼上薄鋪棉貼邊與後本體表
　布正面相對疊合，車縫拉鍊縫製位置，貼
　邊翻至正面，摺入縫份進行藏針縫。→圖2
3 製作釦絆。→圖3
4 後本體表布裝上拉鍊及釦絆。背面重疊袋
　布A、B周圍縫份疏縫固定。→圖4
5 前本體表布正面與肩帶A、B斜向固定，再
　與4正面相對疊合縫合，翻至正面。→圖
　5
6 製作內口袋，中央縫置中袋固定。→圖6
7 與表布作法相同，裡布及中袋正面相對疊
　合進行袋縫，以正面相對放置於本體內
　側。本體與中袋脇邊再和底縫份稍縫合，
　口側疏縫。
8 口布的表布與裡布正面相對疊合，之間包
　夾拉鍊車縫口側，製作口布。→圖7
9 本體上端與口布背面相對疊合，口側包捲
　3.5cm斜布紋布，滾邊處理。→圖8
10 製作肩繩。→圖9

製圖

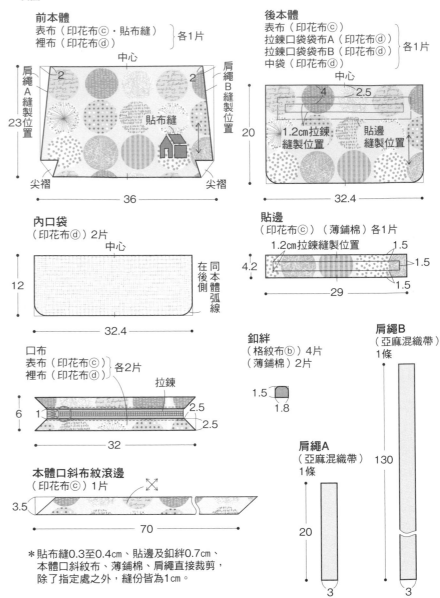

前本體
表布（印花布ⓒ・貼布縫）
裡布（印花布ⓓ）　　各1片

中心
肩繩A縫製位置
肩繩B縫製位置
貼布縫
23
尖褶　尖褶
36

後本體
表布（印花布ⓒ）
拉鍊口袋袋布A（印花布ⓓ）
拉鍊口袋袋布B（印花布ⓓ）
中袋（印花布ⓓ）　　各1片

中心
4　2.5
1.2cm拉鍊縫製位置
貼邊縫製位置
20
32.4

內口袋
（印花布ⓓ）2片
中心
12
在後本體側
同本體弧線
32.4

口布
表布（印花布ⓒ）
裡布（印花布ⓓ）　各2片
拉鍊
6　1
2.5
2.5
32

本體口斜布紋滾邊
（印花布ⓒ）1片
3.5
70

貼邊
（印花布ⓒ）（薄鋪棉）各1片
1.2cm拉鍊縫製位置　1.5
4.2
1.5
29
1.5

釦絆
（格紋布ⓑ）4片
（薄鋪棉）2片
1.5
1.8

肩繩B
（亞麻混織帶）
1條
130
3

肩繩A
（亞麻混織帶）
1條
20
3

＊貼布縫0.3至0.4cm、貼邊及釦絆0.7cm、
　本體口斜紋布、薄鋪棉、肩繩直接裁剪，
　除了指定處之外，縫份皆為1cm。

＊縫份用斜紋布（印花布ⓓ）3.5×6cm2條

前後本體重疊

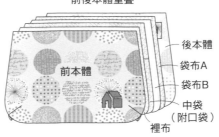

後本體
袋布A
袋布B
中袋（附口袋）
裡布
前本體

圖1　尖褶車縫

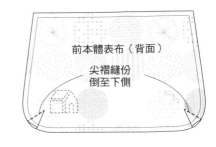

前本體表布（背面）
尖褶縫份倒至下側

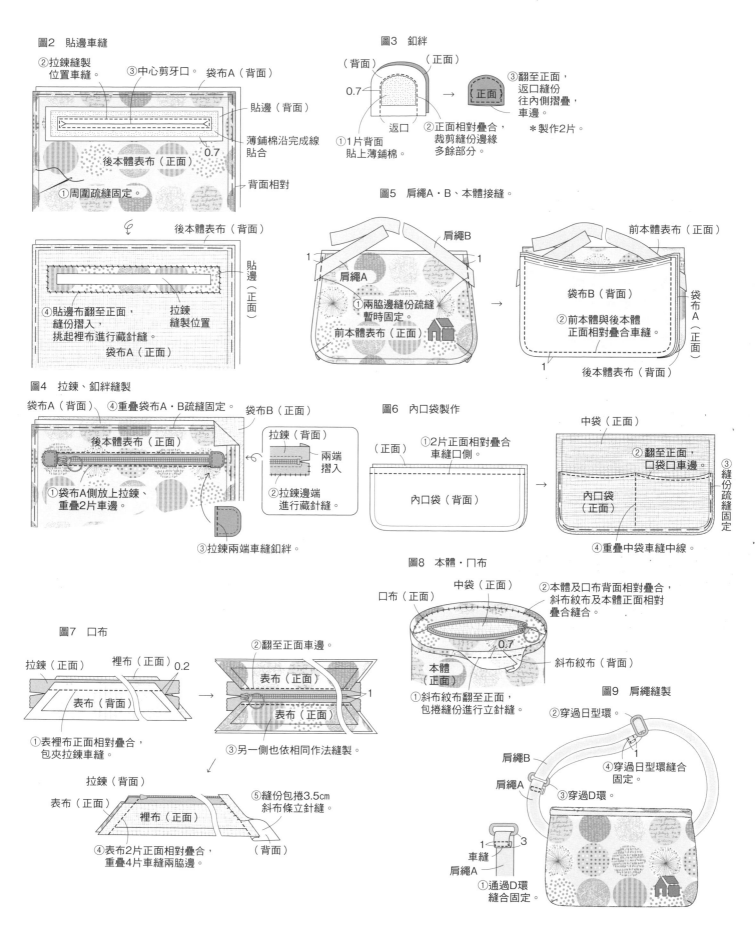

圖2 貼邊車縫

②拉鍊縫製位置車縫。
③中心剪牙口。
袋布A（背面）
貼邊（背面）
薄鋪棉沿完成線貼合
0.7
後本體表布（正面）
背面相對
①周圍疏縫固定。

後本體表布（背面）
貼邊（背面）
貼邊（正面）
④貼邊布翻至正面，縫份摺入，挑起裡布進行藏針縫。
拉鍊縫製位置
袋布A（正面）

圖3 釦絆

（背面）　（正面）
0.7
返口
①1片背面貼上薄鋪棉。
②正面相對疊合，裁剪縫份邊緣多餘部分。
③翻至正面，返口縫份往內側摺疊，車邊。
＊製作2片。
正面

圖5 肩繩A・B、本體接縫。

肩繩B
肩繩A
1
①兩脇邊縫份疏縫暫時固定。
前本體表布（正面）
1
前本體表布（正面）
袋布B（背面）
②前本體與後本體正面相對疊合車縫。
袋布A（正面）
後本體表布（背面）
1

圖4 拉鍊、釦絆縫製

袋布A（背面）
④重疊袋布A・B疏縫固定。
袋布B（正面）
後本體表布（正面）
拉鍊（背面）
兩端摺入
②拉鍊邊端進行藏針縫。
①袋布A側放上拉鍊、重疊2片車邊。
③拉鍊兩端車縫釦絆。

圖6 內口袋製作

（正面）
①2片正面相對疊合車縫口側。
內口袋（背面）
中袋（正面）
②翻至正面，口袋口車邊。
③縫份疏縫固定
內口袋（正面）
④重疊中袋車縫中線。

圖7 口布

拉鍊（正面）
裡布（正面）0.2
表布（背面）
①表裡布正面相對疊合，包夾拉鍊車縫。
②翻至正面車邊。
表布（正面）
1
表布（正面）
③另一側也依相同作法縫製。

拉鍊（背面）
表布（正面）
裡布（正面）
（背面）
④表布2片正面相對疊合，重疊4片車縫兩脇邊。
⑤縫份包捲3.5cm斜布條立針縫。

圖8 本體・口布

中袋（正面）
口布（正面）
②本體及口布背面相對疊合，斜布紋布及本體正面相對疊合縫合。
0.7
斜布紋布（背面）
本體（正面）
①斜布紋布翻至正面，包捲縫份進行立針縫。

圖9 肩繩縫製

②穿過日型環。
肩繩B
肩繩A
1
④穿過日型環縫合固定。
③穿過D環。
1
3
車縫
肩繩A
①通過D環縫合固定。

79

青色之塔 → page 28

★完成尺寸
　長30cm　口寬18cm　底側身寬10×8cm
★原寸紙型A面

材料
棉質布
　藍色印染布…40×25cm（基底布）
　紺格紋布…40×10cm（底布）
　咖啡色布片約10種…各適量
　（布片ⓐ・ⓑ）
　灰色格紋布・藍色・深藍印花布・深藍織
　紋布・米色印花布・灰色印花布…各適量
　（貼布縫）
　黑色織紋布…40×5cm（口布）
　米色格紋布…40×40cm（裡布）
棉織帶　黑色・寬3cm　42cm　1條（提把）
25號繡線　藍・灰色…各適量

作法
1 基底布進行貼布立針縫、刺繡。
2 布片ⓐ・ⓑ全部接縫。
3 口布、步驟2拼接，步驟1貼布縫布，依
　底部製圖縫合。
4 步驟3表布正面相對摺疊，脇邊及底部車
　縫。車縫底布側身，各自燙開縫份。
　→圖1
5 裡布的脇邊及底布，底的側身、表布依相
　同作法車縫。脇邊預留返口7至8cm。
6 表布上端疏縫固定提把織帶，與裡布正面
　相對疊合車縫上端。→圖2
7 從裡布返口翻至正面熨燙整理。返口進行
　藏針縫。開口上端車縫壓線。→完成圖

製圖

本體
表布（拼接・貼布縫＋刺繡）
裡布（米色格紋布）　　　　各1片

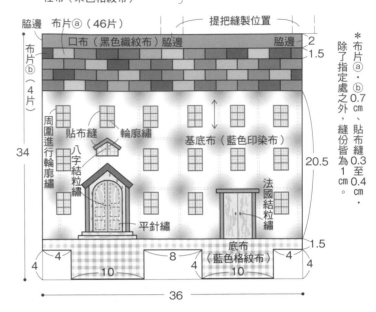

＊布片ⓐ・ⓑ除了指定處之外，縫份皆為1cm。
布片ⓐ・ⓑ0.7cm、貼布縫0.3至0.4cm。

圖1　脇邊・底・側身　　　圖2　上端縫法

完成圖

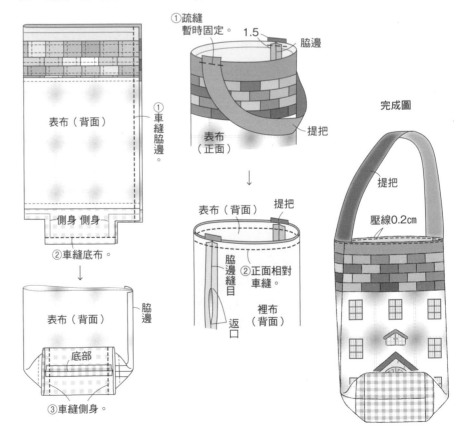

80

縫紉小物包 → page 30

★ 完成尺寸
　　長14cm　寬23cm　高7.7cm
★ 袋蓋請見原寸紙型B面

材料

棉質布
　　布片約20種…各適量（貼布縫）
　　藍灰色印花布…27×18cm（蓋子基底布）
　　咖啡色印花布…80×15cm（側身）
　　咖啡色圓點布…27×18cm（底）
　　黑色織紋印花布…10×15cm（釦絆）
　　灰色印花布…寬110cm　50cm
　　（袋蓋裡布・滾邊斜紋布）
薄棉布…80×50cm（襠布）
厚網布…25×15cm（蓋子內側）
鋪棉…110×50cm
厚鋪棉…75×50cm
雙面黏著貼紙…適量
拉鍊…60cm（雙開拉鍊、側身）
　　・20cm（蓋子內側）　各1條
25號繡線　深咖啡色・原色・紅色・藍色・
淡咖啡色・藍灰色・咖啡色・米色・黃綠
色…各適量

作法

1 袋蓋基底布描繪圖案，布片①至㉚（號碼
　參考原寸紙型）順序，完成貼布立針縫、
　刺繡。描繪壓線圖案。
2 袋蓋的襠布、鋪棉、步驟1的表布三層疊
　合後疏縫固定，壓線。
3 底表布進行壓線。→圖1
4 製作拉鍊側身。→圖2
5 製作釦絆、疏縫固定。→圖3
6 拉鍊側身及後側身接縫。→圖4
7 側身接縫底表布。依相同要領，側身上側
　與步驟1接縫。→圖5
8 製作底裡布。先將步驟7翻至正面熨燙整
　理，測量底內側尺寸，調節底裡布尺寸，
　縫合四角。→圖6
9 製作袋蓋內側。→圖7
10 袋蓋內側、底裡布進行藏針縫。→圖8

製圖

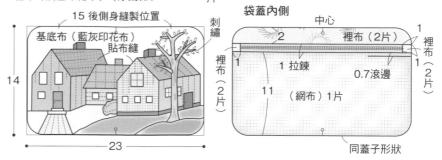

袋蓋
表布（貼布縫＋刺繡）（鋪棉）（襠布）
裡布（灰色印花布）（厚鋪棉）　各1片

15 後側身縫製位置
基底布（藍灰印花布）　貼布縫　刺繡
裡布（2片）
14
23

袋蓋內側
中心
裡布（2片）
2　1
1　拉鍊　0.7滾邊
裡布（2片）
11
（網布）1片
同蓋子形狀

側身蓋側
表布（咖啡色印花布）（鋪棉）（襠布）
裡布（灰色印花布）（厚鋪棉）　各1片
前中心摺雙
拉鍊
1.2
1
車縫壓線　1
5.5
55.6

側身下側
表布（咖啡色印花布）（鋪棉）（襠布）
裡布（灰色印花布）（厚鋪棉）　各1片

後側身
表布（咖啡色印花布）（鋪棉）
裡布（灰色印花布）（厚鋪棉）　各1片
7.7　車縫壓線　1
15

釦絆
（黑色織紋印花布）2片

4
5.6

車縫壓線
2.2
同蓋子形狀

底
表布（咖啡色圓點布）（鋪棉）
（襠布）（厚鋪棉）　各1片
裡布（灰色印花布）（厚鋪棉）

＊貼布縫縫份為0.3至0.4cm・蓋子及底布鋪棉・襠布2cm，
　除了指定處之外，縫份皆為1cm。
＊厚鋪棉直接裁剪。
＊蓋子內側口袋滾邊布（灰色印花布）寬2.5cm斜布紋布25cm。

圖1　底表布壓線

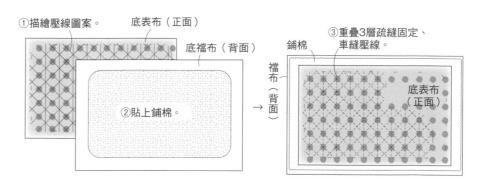

①描繪壓線圖案。
底表布（正面）
底襠布（背面）
②貼上鋪棉。
③重疊3層疏縫固定、
　車縫壓線。
鋪棉
襠布（背面）
→
底表布（正面）

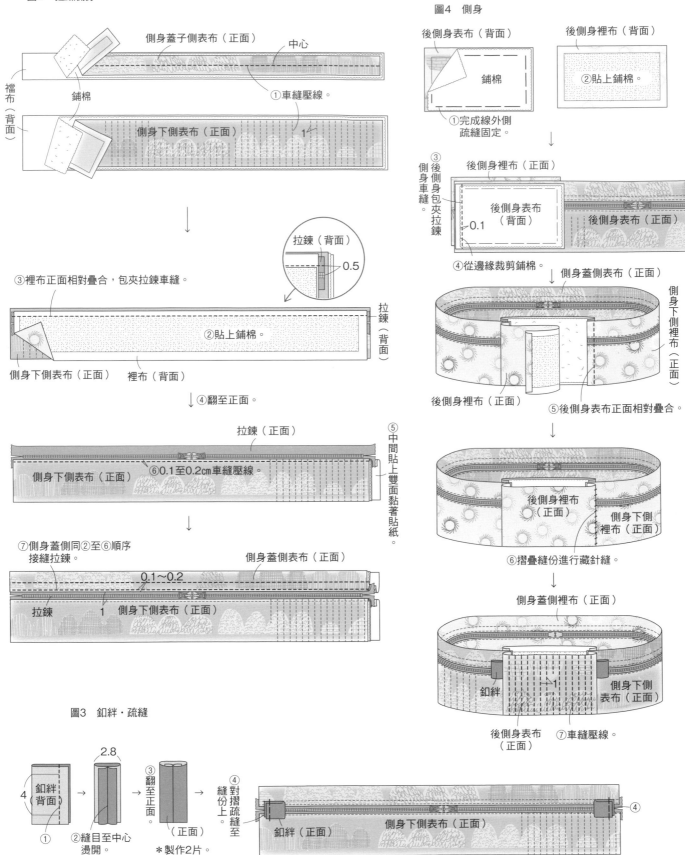

圖2　拉鍊側身

側身蓋子側表布（正面）　中心

①車縫壓線。

襠布（背面）

鋪棉

側身下側表布（正面）　1

③裡布正面相對疊合，包夾拉鍊車縫。

拉鍊（背面）　0.5

②貼上鋪棉。

拉鍊（背面）

側身下側表布（正面）　裡布（背面）

↓④翻至正面。

拉鍊（正面）

側身下側表布（正面）　⑥0.1至0.2cm車縫壓線。

⑤中間貼上雙面黏著貼紙。

⑦側身蓋側同②至⑥順序接縫拉鍊。　側身蓋側表布（正面）

0.1～0.2

拉鍊　1　側身下側表布（正面）

圖3　釦絆・疏縫

釦絆（背面）　4

①

2.8

②縫目至中心燙開。

③翻至正面。

（正面）

④對摺疏縫至縫份上

釦絆（正面）　側身下側表布（正面）　④

圖4　側身

後側身表布（背面）　後側身裡布（背面）

鋪棉

②貼上鋪棉。

①完成線外側疏縫固定。

③後側身包夾拉鍊側身車縫。

後側身裡布（正面）

後側身表布（背面）　0.1

後側身表布（正面）

④從邊緣裁剪鋪棉。

側身蓋側表布（正面）

側身下側裡布（正面）

後側身裡布（正面）　⑤後側身表布正面相對疊合。

後側身裡布（正面）　側身下側裡布（正面）

⑥摺疊縫份進行藏針縫。

側身蓋側裡布（正面）

釦絆　1　側身下側表布（正面）

後側身表布（正面）　⑦車縫壓線。

圖5　側身及底表布・袋蓋表布

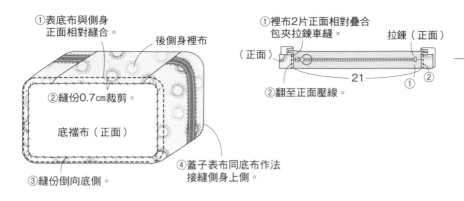

①表底布與側身正面相對縫合。

後側身裡布

②縫份0.7cm裁剪。

底襠布（正面）

③縫份倒向底側。

④蓋子表布同底布作法接縫側身上側。

圖7　蓋子內側

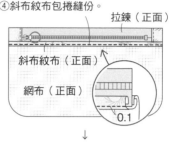

①裡布2片正面相對疊合包夾拉鍊車縫。

拉鍊（正面）

（正面）

21

②

①

②翻至正面壓線。

拉鍊（正面）　③車縫。　0.7

滾邊用斜布紋布（背面）

網布（背面）

④斜布紋布包捲縫份。

拉鍊（正面）

斜布紋布（正面）

網布（正面）

0.1

圖6　底裡布

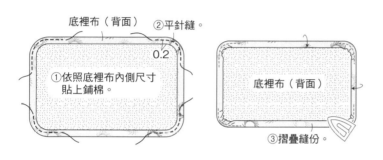

底裡布（背面）　②平針縫。

0.2

①依照底裡布內側尺寸貼上鋪棉。

底裡布（背面）

③摺疊縫份。

⑤裡布2片正面相對疊合，包夾拉鍊車縫，翻至正面壓2條裝飾線。

裡布（正面）

0.7　0.1

（背面）

網布（正面）

圖8　袋蓋內側・底裡布

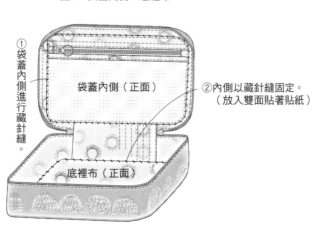

①袋蓋內側進行藏針縫。

袋蓋內側（正面）

②內側以藏針縫固定。（放入雙面貼著貼紙）

底裡布（正面）

⑥裡布邊緣（袋蓋內側）以細密的平針縫縫合。

蓋子內側（正面）（網布・正面）

袋蓋裡布（表・裡面需貼上鋪棉）

⑦摺疊縫份熨斗熨燙整理，從表面壓線。　0.1

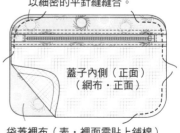

袋蓋內側（背面）

蘑菇之家&瓢蟲們 → page 34

★完成尺寸
　長約34cm　寬18cm　脇邊側身寬7cm
★原寸紙型D面

材料
棉質布
　綠色印花布…45×60cm（表布）
　灰色印花布…45×60cm（裡布）
　咖啡色印花布…10×15cm（布片①、⑪）
　米色織紋布…12×7cm（布片②）
　紅色圓點布…15×15cm（布片③）
　灰色印花布…6×7cm（布片④）
　藍色印花布・黃色格紋布・紅色・深咖啡
　色格紋布・黑色・深咖啡色印花布・米色
　…各適量
　　（布片⑤至⑩、⑫）
　綠色暈染布…60×50cm（滾邊布）
25號繡線　深咖啡色・藍色・黑色・黃色・
　原色…各適量

作法
1 前表布（基底布）描繪圖案，依布片①至
　⑫順序進行貼布立針縫、刺繡。
2 步驟1的前後表布正面相對疊合車縫脇
　邊。→圖1　燙開縫份。
3 前片提把、後片提把上端正面相對疊合車
　縫。→圖2　燙開縫份，翻至正面熨整。
4 裡布同步驟2、3要領車縫脇邊及提把上
　端。
5 前後表布內側與4前後裡布背面相對疊
　合，提把周圍、底部疏縫暫時固定。
6 提把周圍包捲2.5cm斜紋布滾邊。→圖3
7 兩脇邊往內側摺疊3.5cm，底部包捲寬2.5
　cm斜紋布滾邊。→完成圖
8 前後提把上部各自背面相對對摺，車縫固
　定6cm。→完成圖

本體
前表布（貼布縫＋刺繡）
後表布（綠色印花布）　} 各1片
裡布（灰色印花布）2片

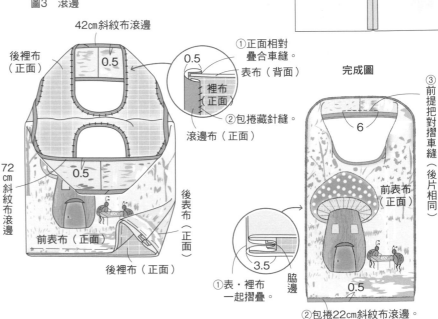

0.5cm滾邊　提把　0.5cm滾邊

5　3

15.5

22.5

脇邊

摺山

前表布基底布（綠色印花布）

貼布縫（前面）

脇邊

摺山

布片

3.5　18　3.5

＊滾邊布（綠色暈染布）寬2.5cm斜紋布
　42cm 2條、72cm・22cm各裁剪一條。
＊貼布縫0.3至0.4cm・脇邊及提把1cm，
　除了指定處之外，縫份皆為0.5cm。
＊貼布縫順序依照布片①至⑫
＊刺繡參考原寸紙型

圖1　脇邊

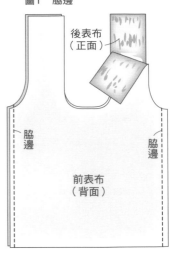

後表布（正面）

脇邊　前表布（背面）　脇邊

圖2　提把上端縫法

正面相對縫合

摺雙　脇邊　摺雙

後表布（背面）　前表布（背面）

圖3　滾邊

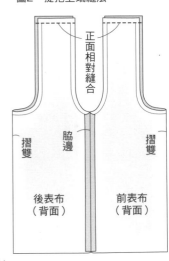

42cm斜紋布滾邊

後裡布（正面）

0.5

72cm斜紋布滾邊

前表布（正面）

後裡布（正面）

0.5

①正面相對疊合車縫。
表布（背面）
裡布（正面）
②包捲藏針縫。
滾邊布（正面）

後表布（正面）

完成圖

③前提把對摺車縫（後片相同）

6

前表布（正面）

3.5　脇邊

0.5

①表・裡布一起摺疊。
②包捲22cm斜紋布滾邊。

84

石造之家 → page 38

★完成尺寸
　長23.7cm　寬32cm　底側身寬9cm
★原寸紙型B面

材料
棉質布
　布片約30種…各適量
　（布片・貼布縫）
　印花布ⓐ…10×5cm
　（拉鍊邊端襠布）
　格紋ⓑ…寬2.5cm斜紋布×20cm　2條
　（布片・外口袋斜紋布）
　圓點織紋布…90×45cm（前本體・後本體
　　・側身・外口袋・外口袋裡布）
　條紋布…25×20cm（窗簾）
　格紋ⓒ…10×25cm（提把裝飾布）

格紋ⓓ…35×40cm（貼邊・口布）
印花布ⓔ…15×40cm（布片・底）
印花布ⓕ…110×55cm
　　　（裡布・縫份用斜紋布）
鋪棉…90×75cm
薄鋪棉…30×15cm
厚鋪棉…35×10cm（底布）
薄布襯…45×15cm
　（窗簾・貼邊・提把裝飾布）
雙面黏著貼紙…35×25cm（貼邊・底）
拉鍊…長40cm　1條
亞麻混織帶…寬3cm　50cm（提把）
合成皮革繩…寬0.2cm　適量
　　　（拉鍊裝飾用）
1.5cm角環…1個（拉鍊裝飾用）
25號繡線　黑色・咖啡色・橘色・綠色・
　　　　　深灰色・灰色・淡灰色…各適量

作法
1 表布進行前後本體拼接、貼布縫、刺繡。
　各自重疊裡布、鋪棉、表布三層疊合後疏
　縫固定、壓線。→製圖
2 側身的裡布、鋪棉、表布3層疏縫固定、
　車縫壓線。裡布口側畫上完成線，口側包
　捲斜紋布表側進行藏針縫。→圖1

3 表布上外口袋進行貼布縫及刺繡，三層疊
　合壓線，重疊側疏縫固定。→圖2（①至
　⑤）
4 底的裡布背面貼上厚鋪棉、鋪棉、表布三
　層疊合後疏縫固定並壓線。→圖2（⑥）
5 包夾外口袋側身及底部正面相對疊合，從
　記號至記號處車縫底部，側身裡布包捲縫
　份車縫。→圖2（圖⑦至⑨）
6 前、後本體和步驟5正面相對疊合，依兩
　脇邊、底的順序車縫記號至記號處。斜紋
　布寬2.5cm包捲側身縫份，倒向本體側。
　→圖3
7 製作提把並疏縫固定至本體。→圖4
8 配合本體屋頂尺寸調節製作貼邊，與本體
　正面相對疊合，從記號至記號處口側、翻
　至正面。→圖5
9 製作口布。→圖6
10 本體內側及口布背面相對疊合疏縫固
　定，從表側布端車縫壓線固定。
　→圖7（①）
11 本體對貼邊間包夾雙面黏著貼紙、貼邊
　進行藏針縫，熨燙整理。→圖7（②③）
12 製作窗簾。接縫側身。→圖8
13 裝上拉鍊裝飾品。→圖8

製圖

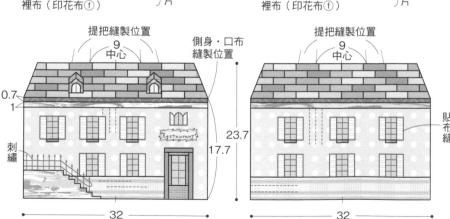

前本體
表布（拼接・貼布縫＋刺繡）
（鋪棉）　　　　　　　　各1片
裡布（印花布ⓕ）

提把縫製位置
9中心
側身・口布縫製位置
0.7
1
刺繡
23.7
17.7
— 32 —

後本體
表布（拼接・貼布縫＋刺繡）
（鋪棉）　　　　　　　　各1片
裡布（印花布ⓕ）

提把縫製位置
9中心
貼布縫
— 32 —

提把
（亞麻混織帶）
裝飾布（格紋ⓒ）（薄鋪棉）　各2片

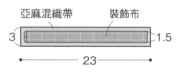

亞麻混織帶　　裝飾布
3　　　　　　　　　　1.5
— 23 —

＊口布與窗簾以外的貼布縫布
　0.3至0.4cm・底・側身・外口袋為1cm、
　鋪棉、裡布3cm、除了指定處之外，
　縫份皆為0.7cm
＊側身的斜布紋布・鋪棉・
　雙面黏著貼紙直接裁剪
＊縫份用斜布紋布（印花布ⓕ）
　25×73cm製作2條
　（斜布紋布連接作法參考P.68）

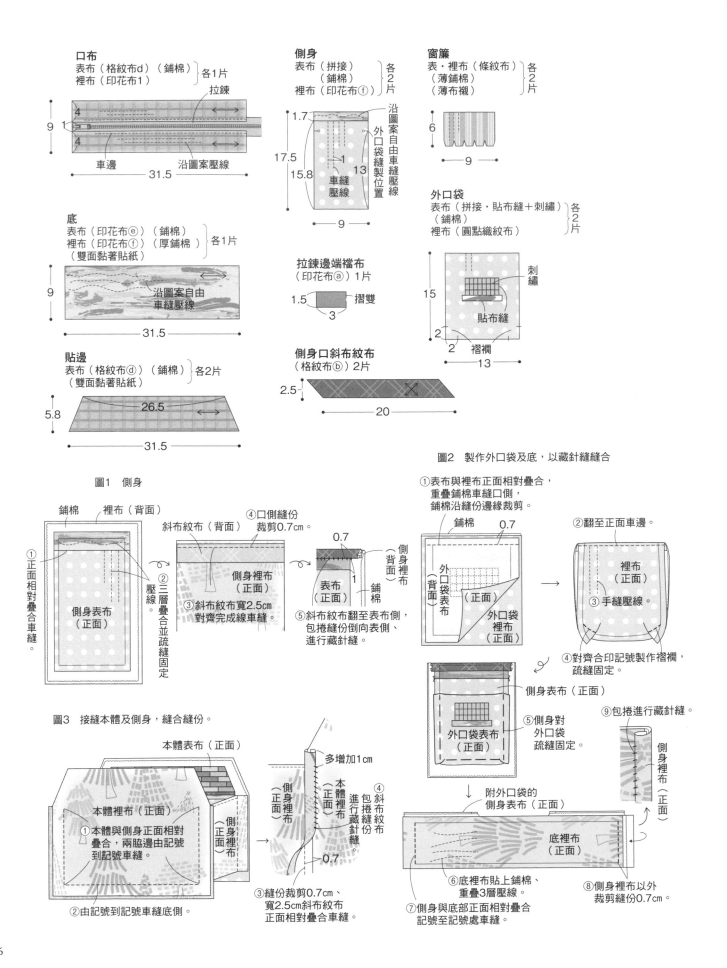

口布
表布（格紋布ⓓ）（鋪棉）
裡布（印花布①）　各1片

9　1　拉鍊
4
4
車邊　　沿圖案壓線
31.5

底
表布（印花布ⓔ）（鋪棉）
裡布（印花布ⓕ）（厚鋪棉）　各1片
（雙面黏著貼紙）

9　沿圖案自由車縫壓線
31.5

貼邊
表布（格紋布ⓓ）（鋪棉）
（雙面黏著貼紙）　各2片

5.8　26.5
31.5

側身
表布（拼接）（鋪棉）
裡布（印花布ⓕ）　各2片

1.7　沿圖案自由車縫壓線製位置
17.5　外口袋縫製壓線
15.8　1　13
車縫壓線
9

拉鍊邊端檔布
（印花布ⓐ）1片
1.5　摺雙
3

側身口斜布紋布
（格紋布ⓑ）2片
2.5
20

窗簾
表・裡布（條紋布）
（薄鋪棉）（薄布襯）　各2片
6
9

外口袋
表布（拼接・貼布縫＋刺繡）（鋪棉）
裡布（圓點織紋布）　各2片

15　刺繡
貼布縫
2　摺襉
2　13

圖1　側身

鋪棉　裡布（背面）
①正面相對疊合車縫。
側身表布（正面）
②壓線。
③三層疊合並疏縫固定
斜布紋布（背面）
④口側縫份裁剪0.7cm。
側身裡布（正面）
③斜布紋布寬2.5cm對齊完成線車縫。
0.7
表布（正面）　側身裡布（背面）
1
鋪棉
⑤斜布紋布翻至表布側、包捲縫份倒向表側、進行藏針縫。

圖2　製作外口袋及底，以藏針縫縫合

①表布與裡布正面相對疊合，重疊鋪棉車縫口側，鋪棉沿縫份邊緣裁剪。
鋪棉　0.7
外口袋表布（背面）　外口袋裡布（正面）
②翻至正面車邊。
裡布（正面）
③手縫壓線。
④對齊合印記號製作褶襉，疏縫固定。
側身表布（正面）
外口袋表布（正面）
⑤側身對外口袋疏縫固定。
⑨包捲進行藏針縫。
側身裡布（正面）
附外口袋的側身表布（正面）
底裡布（正面）
⑥底裡布貼上鋪棉、重疊3層壓線。
⑦側身與底部正面相對疊合記號至記號處車縫。
⑧側身裡布以外裁剪縫份0.7cm。

圖3　接縫本體及側身，縫合縫份。

本體表布（正面）
本體裡布（正面）
①本體與側身正面相對疊合，兩脇邊由記號到記號車縫。
側身裡布（正面）
②由記號到記號車縫底側。
多增加1cm
側身裡布（正面）　本體裡布（正面）
④斜布紋布包捲縫份進行藏針縫。
③縫份裁剪0.7cm、寬2.5cm斜布紋布正面相對疊合車縫。
0.7

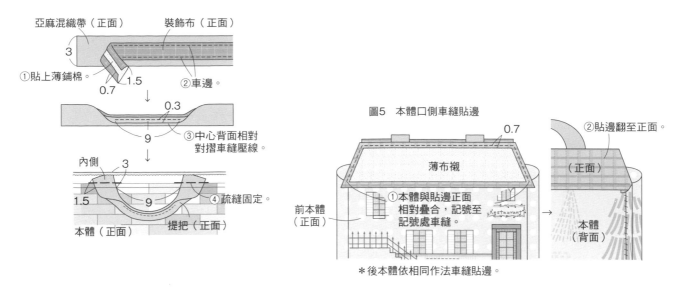

圖4　提把

亞麻混織帶（正面）　　裝飾布（正面）

3

①貼上薄鋪棉。　0.7　1.5　②車邊。

↓

0.3

9　③中心背面相對
對摺車縫壓線。

內側　3

1.5　9　④疏縫固定。

本體（正面）　提把（正面）

圖5　本體口側車縫貼邊

0.7　②貼邊翻至正面。

薄布襯

前本體
（正面）　①本體與貼邊正面
相對疊合，記號至
記號處車縫。

（正面）

Restaurant

本體
（背面）

＊後本體依相同作法車縫貼邊。

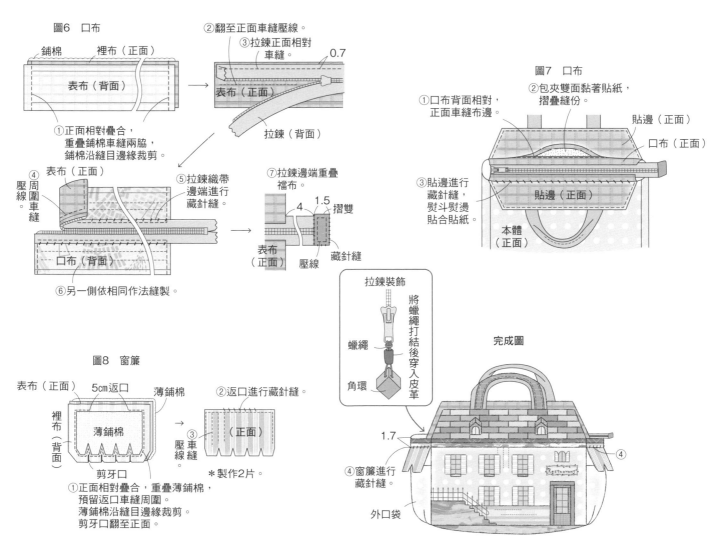

圖6　口布

鋪棉　裡布（正面）

表布（背面）

①正面相對疊合，
重疊鋪棉車縫兩脇，
鋪棉沿縫目邊緣裁剪。

②翻至正面車縫壓線。
③拉鍊正面相對
車縫。　0.7

表布（正面）

拉鍊（背面）

④周圍車縫壓線。

表布（正面）

⑤拉鍊織帶
邊端進行
藏針縫。

⑦拉鍊邊端重疊
襠布。

4　1.5　摺雙

口布（背面）

表布
（正面）　壓線　藏針縫

⑥另一側依相同作法縫製。

圖7　口布

①口布背面相對，
正面車縫布邊。

②包夾雙面黏著貼紙，
摺疊縫份。

貼邊（正面）

口布（正面）

③貼邊進行
藏針縫，
熨斗熨燙
貼合貼紙。

貼邊（正面）

本體
（正面）

拉鍊裝飾

將蠟繩打結後穿入皮革

蠟繩

角環

圖8　窗簾

表布（正面）　5cm返口　薄鋪棉

裡布（背面）

薄鋪棉

剪牙口

①正面相對疊合，重疊薄鋪棉，
預留返口車縫周圍。
薄鋪棉沿縫目邊緣裁剪。
剪牙口翻至正面。

②返口進行藏針縫。

③壓線車縫。

（正面）

＊製作2片。

完成圖

1.7　④

④窗簾進行
藏針縫。

Restaurant

外口袋

公寓卡片包 → page 40

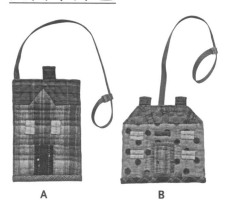

A　　　**B**

★完成尺寸（不包括煙囪）
A…長11.7cm　寬8cm
B…長10.2cm　寬11cm
★原寸紙型C面

A材料

棉質布
　藍色格布…50×15cm（前本體・後本體
　下側、裡布、提繩裝飾布）
　紅色格紋布…20×10cm（後本體上側、貼
　布縫）
　深咖啡色格紋布…8×4cm（煙囪）
　布片2種…各適量（貼布縫）
　綠格紋布…15×10cm（滾邊布）
薄鋪棉…25×20cm
繩子…寬0.6cm　35cm
25號繡線　灰色…適量

B材料

棉質布
　圓點布…60×15cm
　（前本體・後本體下側、裡布）
　藍色印花布…30×10cm
　（後本體上側、貼布縫、裡布）
　咖啡色印花布…10×10cm（煙囪）
　布片5種…各適量（貼布縫、提繩裝飾布）
　格紋布…15×10cm（滾邊布）
薄鋪棉…30×20cm
繩子…寬0.8cm　35cm
25號繡線　黑色…適量

卡片包A

1 前本體進行貼布縫及刺繡。→圖1
2 製作煙囪疏縫固定至本體。→圖2
3 貼布縫前本體表布與裡布正面相對疊合，
　重疊鋪棉車縫脇邊及上側，裁剪鋪棉多餘
　部分。翻至正面壓線。→圖3

4 後本體上側、後本體下側，表裡布各自正
　面相對疊合，重疊鋪棉縫合，翻至正面車
　縫壓線。後本體上側包夾繩織帶車縫。→
　圖4・5
5 後本體上下重疊0.5cm，重疊部分疏縫固
　定。前後本體背面相對疊合，下端以外三
　邊以粗針目平縫並車邊。→圖6

6 滾邊布包夾本體下端進行車縫。製作繩
　環。→圖7

卡片包B

設計雖然不一樣，作法同A，依A順序製作。

卡片包A製圖

前本體
表布（貼布縫＋刺繡）
　　（鋪棉）｝各1片
裡布（藍色格紋布）
　　　　（深咖啡色格紋布）2片

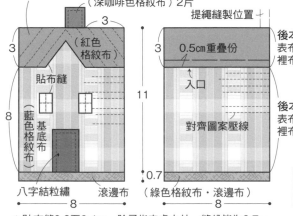

★貼布縫0.3至0.4cm，除了指定處之外，縫份皆為0.7cm
★提繩裝飾布直接裁剪　★滾邊布3.5×10cm斜布紋裁剪。

卡片包B製圖

前本體
表布（貼布縫＋刺繡）
　　（鋪棉）｝各1片
裡布（圓點布）

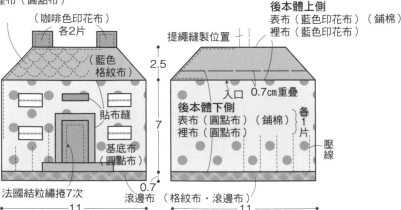

★貼布縫0.3至0.4cm，除了指定處之外，
　縫份皆為0.7cm
★提繩裝飾布直接裁剪，
★滾邊布3.5×13cm斜布紋裁剪。

圖1　前本體進行貼布縫

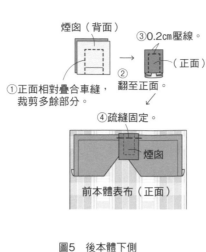

（正面）

立針縫　　貼布縫

八字結粒繡

基底布
（正面）

圖2　煙囪

煙囪（背面）　　③0.2cm壓線。

②

①正面相對疊合車縫，
裁剪多餘部分。

（正面）

翻至正面。

④疏縫固定。

煙囪

前本體表布（正面）

圖3　前本體

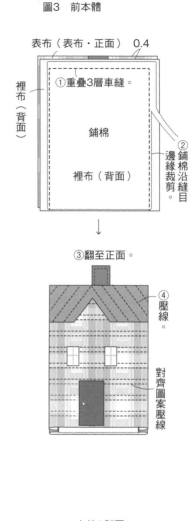

表布（表布・正面）　0.4

裡布（背面）

①重疊3層車縫。

鋪棉

裡布（背面）

②鋪棉沿縫目邊緣裁剪。

③翻至正面。

④壓線。

對齊圖案壓線

圖4　後本體上側

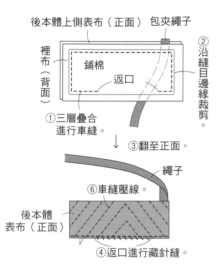

後本體上側表布（正面）　包夾繩子

裡布（背面）

鋪棉

返口

②沿縫目邊緣裁剪。

①三層疊合進行車縫。

③翻至正面。

繩子

⑥車縫壓線。

後本體表布（正面）

④返口進行藏針縫。

圖5　後本體下側

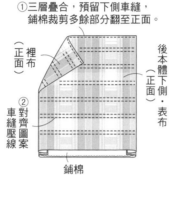

①三層疊合，預留下側車縫，
鋪棉裁剪多餘部分翻至正面。

正面
裡布
正面

②對齊圖案車縫壓線

後本體下側・表布

對齊圖案壓線

鋪棉

圖6　前後本體接縫

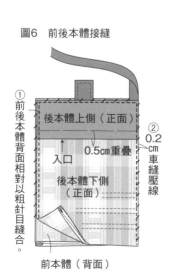

①前後本體背面相對以粗針目縫合。

後本體上側（正面）

②0.2cm車縫壓線

0.5cm重疊

入口

後本體下側（正面）

前本體（背面）

圖7　製作吊繩・卡片包A

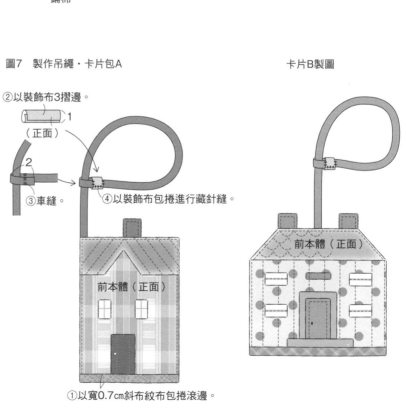

②以裝飾布3摺邊。

1
（正面）

2

③車縫。

④以裝飾布包捲進行藏針縫。

前本體（正面）

①以寬0.7cm斜布紋布包捲滾邊。

卡片B製圖

前本體（正面）

縫紉包盒 → page 42

★完成尺寸
　脇邊長8cm　寬16cm　深10cm（本體）
★原寸紙型C面

材料

棉質布
　布片　約30種…各適量
　（布片・貼布縫・屋頂A・B）
　印花布ⓐ…40×30cm
　（本體前側・本體後側・本體側面）
　印花布ⓑ…40×15cm（底・布片）

印花布ⓒ…50×15cm（屋頂基底布）
格紋ⓓ…寬3.5cm斜紋布×16cm　4條
（屋頂兩脇邊用斜紋布）
格紋布ⓔ…寬3.5cm斜紋布×27cm　1條
（屋頂上側用滾邊布）
印花布ⓕ…20×10cm（煙囪表布）
印花布ⓖ…20×10cm（煙囪裡布）
印花布ⓗ…110×35cm
　（本體裡布・內口袋・屋頂裡布・針插）
素色布…50×50cm
　（本體襠布・屋頂襠布）
鋪棉…50×45cm
薄鋪棉…50×15cm（屋頂）
中厚鋪棉…45×40cm
　（本體裡布・屋頂裡布・內口袋）
厚鋪棉…20×10cm（針插）
25號繡線　灰色・深灰色・暗茶褐色
　…各適量
塑膠板　白色…40×35cm
化纖棉…適量

作法

1　本體表布各部分，拼接及貼布縫、刺繡。
　（窗戶貼布縫參考圖1）。拼接縫份倒向
　上側。
2　本體前側・後側・側面及底部各自縫合成
　1片。並與襠布・鋪棉三層疊合，疏縫後
　壓線。→圖2　背面描繪完成線。
3　製作內口袋，重疊本體裡布正面車縫底
　部。→圖3
4　本體完成。→圖4・5・6
5　製作屋頂A・B。
6　製作屋頂。
7　屋頂完成
8　依P.91尺寸製作針插。→圖10
9　製作煙囪，以藏針縫縫至屋頂。

製圖

本體前側
表布（貼布縫＋刺繡）
（塑膠板）
}各1片

刺繡　　貼布縫

5
8
(7.7)

印花布ⓑ
16(15.7)

本體側面
表布（貼布縫＋刺繡）
（塑膠板）
}各2片

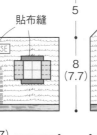

印花布ⓑ
10(9.7)

本體側面
表布（貼布縫＋刺繡）
（塑膠板）
}各1片

8
(7.7)

印花布ⓑ
16(15.7)

屋頂
基底布（印花布ⓒ）
襠布（素色布）
（薄鋪棉）
裡布（印花布ⓗ）
（中厚鋪棉）
（塑膠板）
}各2片

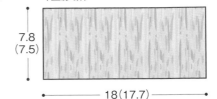

7.8
(7.5)

18(17.7)

屋頂貼布縫布
（布片）100片
屋頂A用布
（布片）8片
屋頂B用布
（布片）40片

2
←1.5→

煙囪左側・前側・右側・後側
表布（印花布ⓕ）
（鋪棉）
裡布（印花布ⓖ）
}各1片

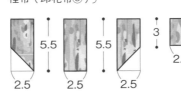

3　5.5　5.5　3
2.5　2.5　2.5　2.5

底部
表布（印花布ⓑ）
（塑膠板）
}各1片

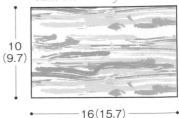

10
(9.7)

16(15.7)

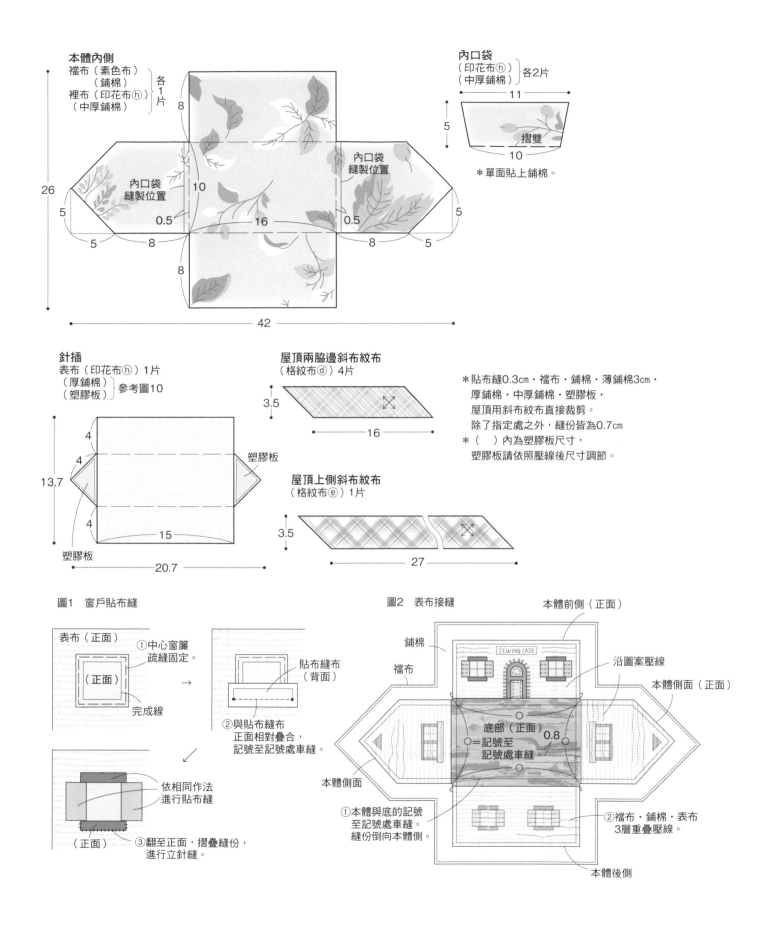

本體內側
襠布（素色布）
　　（鋪棉）
裡布（印花布ⓗ）
　　（中厚鋪棉）
各1片

26
8
10
0.5
16
0.5
5
5
5
5
8
8
8
42

內口袋
縫製位置

內口袋
縫製位置

內口袋
（印花布ⓗ）
（中厚鋪棉）
各2片

11
5
10
摺雙

＊單面貼上鋪棉。

針插
表布（印花布ⓗ）1片
（厚鋪棉）
（塑膠板）
參考圖10

13.7
4
4
4
塑膠板
15
塑膠板
20.7

屋頂兩脇邊斜布紋布
（格紋布ⓓ）4片

3.5
16

屋頂上側斜布紋布
（格紋布ⓔ）1片

3.5
27

＊貼布縫0.3cm・襠布・鋪棉・薄鋪棉3cm・
　厚鋪棉・中厚鋪棉・塑膠板・
　屋頂用斜布紋布直接裁剪。
　除了指定處之外，縫份皆為0.7cm
＊（　）內為塑膠板尺寸，
　塑膠板請依照壓線後尺寸調節。

圖1　窗戶貼布縫

表布（正面）
①中心窗簾
　疏縫固定。
（正面）
完成線
→

貼布縫布
（背面）
②與貼布縫布
　正面相對疊合，
　記號至記號處車縫。

↓

依相同作法
進行貼布縫

（正面）
③翻至正面，摺疊縫份，
　進行立針縫。

圖2　表布接縫

鋪棉
襠布

本體前側（正面）
SEWING CASE
沿圖案壓線
本體側面（正面）

底部（正面）
○＝記號至
記號處車縫
0.8

本體側面

①本體與底的記號
　至記號處車縫。
　縫份倒向本體側。

②襠布・鋪棉・表布
　3層重疊壓線。

本體後側

91

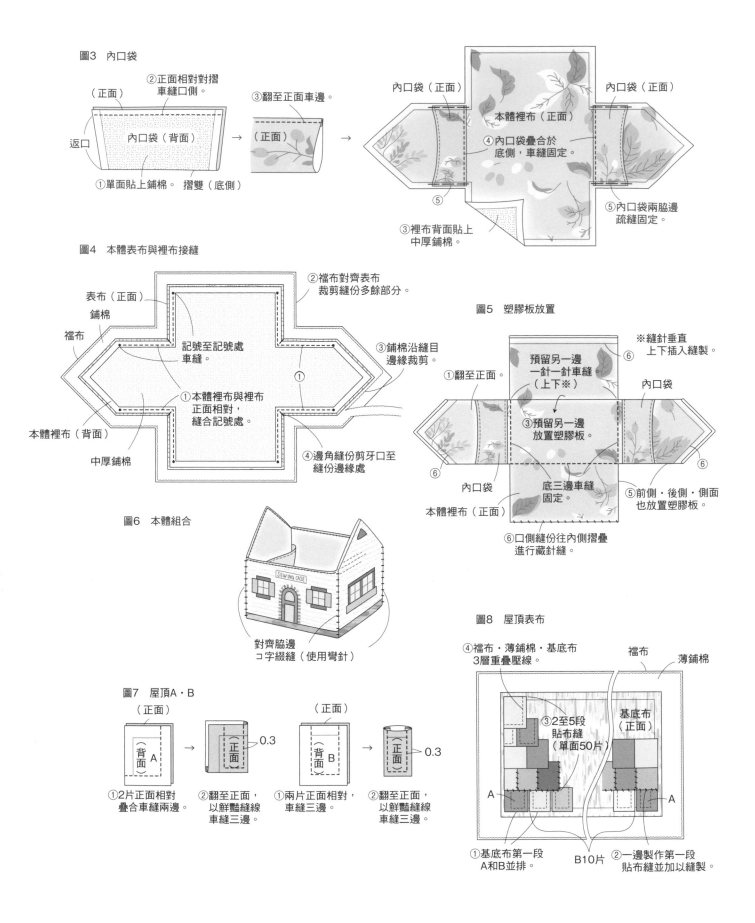

圖3 內口袋

（正面）

②正面相對對摺
車縫口側。

③翻至正面車邊。

內口袋（正面）

內口袋（正面）

返口

內口袋（背面）

（正面）

本體裡布（正面）

④內口袋疊合於
底側，車縫固定。

①單面貼上鋪棉。 摺雙（底側）

⑤

③裡布背面貼上
中厚鋪棉。

⑤內口袋兩脇邊
疏縫固定。

圖4 本體表布與裡布接縫

表布（正面）

鋪棉

襯布

本體裡布（背面）

中厚鋪棉

②襯布對齊表布
裁剪縫份多餘部分。

記號至記號處
車縫。

①本體裡布與裡布
正面相對，
縫合記號處。

③鋪棉沿縫目
邊緣裁剪。

④邊角縫份剪牙口至
縫份邊緣處

圖5 塑膠板放置

①翻至正面。

※縫針垂直
上下插入縫製。

⑥

預留另一邊
一針一針車縫。
（上下※）

內口袋

③預留另一邊
放置塑膠板。

內口袋

底三邊車縫
固定。

本體裡布（正面）

⑤前側・後側・側面
也放置塑膠板。

⑥

⑥口側縫份往內側摺疊
進行藏針縫。

圖6 本體組合

SEWING CASE

對齊脇邊
ㄈ字綴縫（使用彎針）

圖7 屋頂A・B

（正面）

背面 A

①2片正面相對
疊合車縫兩邊。

（正面）

正面

0.3

②翻至正面，
以鮮豔縫線
車縫三邊。

背面 B

①兩片正面相對，
車縫三邊。

正面

0.3

②翻至正面，
以鮮豔縫線
車縫三邊。

圖8 屋頂表布

④襯布・薄鋪棉・基底布
3層重疊壓線。

襯布

薄鋪棉

基底布
（正面）

③2至5段
貼布縫
（單面50片）

A

A

①基底布第一段
A和B並排。

B10片

②一邊製作第一段
貼布縫並加以縫製。

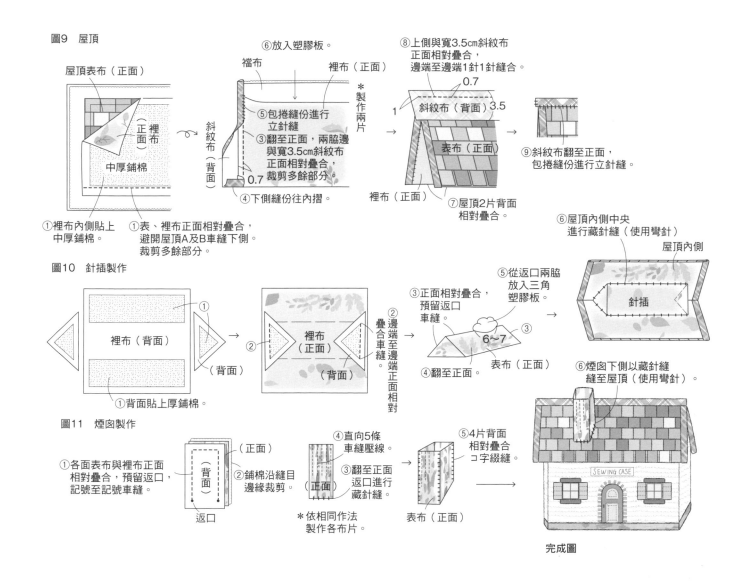

圖9　屋頂

屋頂表布（正面）

正面　裡布（正面）

中厚鋪棉

①裡布內側貼上中厚鋪棉。

②表、裡布正面相對疊合，避開屋頂A及B車縫下側。裁剪多餘部分。

斜紋布（背面）

⑥放入塑膠板。

檔布　裡布（正面）

⑤包捲縫份進行立針縫

③翻至正面，兩脇邊與寬3.5cm斜紋布正面相對疊合，裁剪多餘部分。

④下側縫份往內摺。

0.7

＊製作兩片

⑧上側與寬3.5cm斜紋布正面相對疊合，邊端至邊端1針1針縫合。

0.7

斜紋布（背面）3.5

1

表布（正面）

裡布（正面）

⑦屋頂2片背面相對疊合。

⑨斜紋布翻至正面，包捲縫份進行立針縫。

⑥屋頂內側中央進行藏針縫（使用彎針）

屋頂內側

針插

⑥煙囪下側以藏針縫縫至屋頂（使用彎針）。

圖10　針插製作

裡布（背面）

①

（背面）

①背面貼上厚鋪棉。

②

裡布（正面）（背面）

②疊合車縫。邊端至邊端正面相對

③正面相對疊合，預留返口車縫。

⑤從返口兩脇放入三角塑膠板。

6~7

③

表布（正面）

④翻至正面。

圖11　煙囪製作

①各面表布與裡布正面相對疊合，預留返口，記號至記號車縫。

（正面）

（背面）

返口

②鋪棉沿縫目邊緣裁剪。

④直向5條車縫壓線。

（正面）

③翻至正面返口進行藏針縫。

＊依相同作法製作各布片。

⑤4片背面相對疊合ㄇ字綴縫。

表布（正面）

完成圖

眼鏡包 → page 46

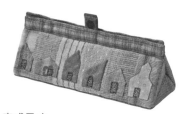

★完成尺寸
　長6.3cm　口寬17cm
★原寸紙型D面

材料
棉質布
　布片13種…各適量（布片・貼布縫）
　圓點布…10×5cm（釦絆）
　格紋布ⓐ…20×20cm（口布）
　格紋布ⓑ…30×30cm（側身・裡布）
單面鋪棉…20×20cm
薄鋪棉…12×5cm
25號繡線　灰色・深灰色…各適量
磁釦…直徑1cm　3組
塑膠板…20×20cm

作法
1 拼接及貼布縫、刺繡製作本體表布。
　→製圖

2 本體表、裡布正面相對疊合，裡布背面與黏著面朝外的鋪棉重疊，車縫兩脇。裁剪鋪棉多餘部分。翻至正面，熨燙整理。貼合鋪棉。→圖1（①②）

3 製作本體。→圖1（③至⑦）

4 製作釦絆（參考P.82圖3）釦絆縫上口布。→圖2

5 本體表布與口布（外側）正面相對疊合。口側記號至記號車縫。縫份裁剪整齊翻至正面。口布內側三處放置磁釦，兩脇邊以車縫固定。口布內側進行藏針縫。→圖3

6 製作側身，本體兩側背面相對疊合，兩邊進行捲針縫。→圖4

製圖

本體
表布（拼接・貼布縫＋刺繡）
單面黏著鋪棉）
裡布（格紋布ⓑ）

各 1 片

側身
（格紋布b）4片
（薄鋪棉）2片

口布（外側・內側）
（格紋布ⓐ）4片

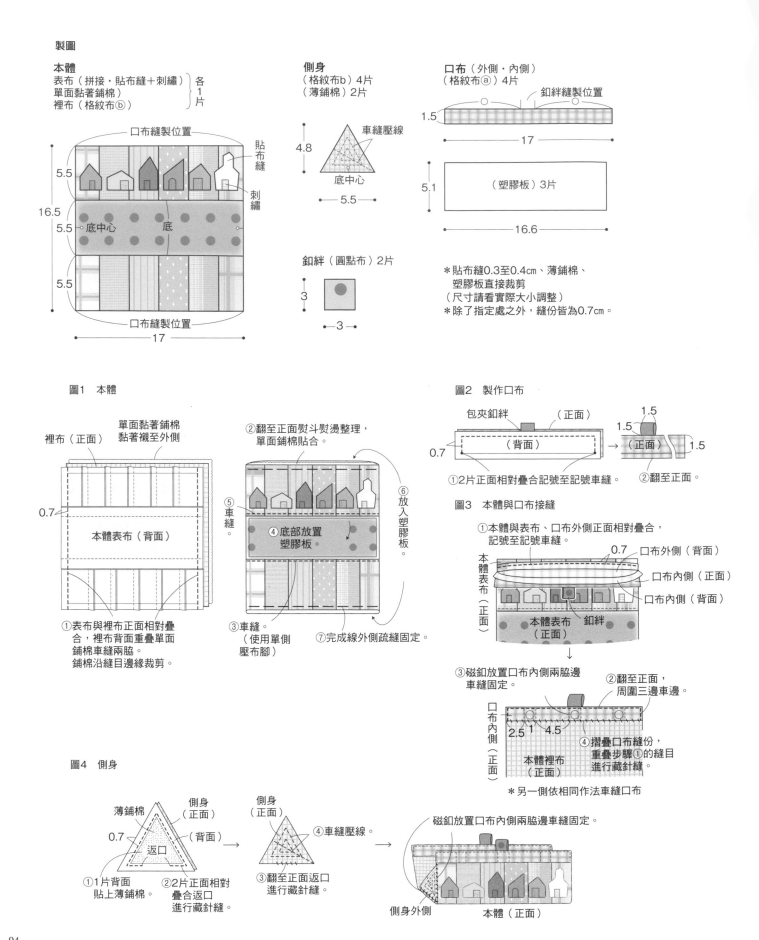

口布縫製位置
5.5
16.5
5.5 ←底中心   底
5.5
口布縫製位置
17

貼布縫
刺繡

車縫壓線
4.8
底中心
5.5

釦絆縫製位置
1.5
17

（塑膠板）3片
5.1
16.6

釦絆（圓點布）2片
3
3

＊貼布縫0.3至0.4cm、薄鋪棉、
塑膠板直接裁剪
（尺寸請看實際大小調整）
＊除了指定處之外，縫份皆為0.7cm。

圖1　本體

裡布（正面）
單面黏著鋪棉
黏著襯至外側

0.7
本體表布（背面）

①表布與裡布正面相對疊
合，裡布背面重疊單面
鋪棉車縫兩脇。
鋪棉沿縫目邊緣裁剪。

②翻至正面熨斗熨燙整理，
單面鋪棉貼合。
⑤車縫。
④底部放置
塑膠板。
③車縫。
（使用單側
壓布腳）
⑥放入塑膠板。
⑦完成線外側疏縫固定。

圖2　製作口布

包夾釦絆　（正面）
0.7　（背面）
①2片正面相對疊合記號至記號車縫。

1.5
（正面）1.5
1.5
②翻至正面。

圖3　本體與口布接縫

①本體與表布、口布外側正面相對疊合，
記號至記號車縫。

0.7　口布外側（背面）
口布內側（正面）
口布內側（背面）
本體表布（正面）
本體表布（正面）　釦絆

③磁釦放置口布內側兩脇邊
車縫固定。

②翻至正面，
周圍三邊車邊。
2.5 1 4.5
口布內側（正面）
本體裡布（正面）
④摺疊口布縫份，
重疊步驟①的縫目
進行藏針縫。

＊另一側依相同作法車縫口布

圖4　側身

薄鋪棉
側身（正面）
0.7
（背面）
返口
①1片背面
貼上薄鋪棉。

側身（正面）
②2片正面相對
疊合返口
進行藏針縫。

④車縫壓線。
③翻至正面返口
進行藏針縫。

磁釦放置口布內側兩脇邊車縫固定。
側身外側
本體（正面）

阿爾薩斯的街道 → page 48

★完成尺寸
　　長48cm　寬48cm
★原寸紙型B面

材料

棉質布
布片約60種…各適量（貼布縫）
　　印花布…50×50cm（基底布）
　　格紋布…85×55cm
　　（裡布・縫份用斜布紋布）
鋪棉…55×55cm
25號繡線　深灰色・灰色・咖啡色…各適量

作法

1 製作貼布縫、刺繡基底布的表布。貼布縫方面，先製作每一個小屋的布片、由後側（最裡面部分）順序立針縫。
2 裡布、鋪棉、表布三層重疊疏縫壓線。→製圖
3 周圍對齊寬2.5cm斜布紋布車縫。縫份倒向裡布側，進行藏針縫。
＊貼布縫、斜布紋布裁剪作法參考P.68。

製圖

表布（貼布縫＋刺繡）
（鋪棉）　　　　　　各1片
裡布（格紋布）

縫份包捲

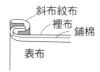

斜布紋布
裡布
鋪棉
表布

＊貼布縫0.3至0.4cm・
　基底布1cm・鋪棉・裡布3cm
　縫份。
＊周圍縫份使用斜布紋布
　（格紋布）2.5×50cm
　裁剪4條。

48

48

基底布

沿圖案自由壓線

貼布縫周圍、
刺繡單側進行
落針壓線

窗戶貼布縫
周圍刺繡

貼布縫

PATCHWORK 拼布美學 28

優雅＆可愛！
斉藤謠子最愛的房屋拼布創作

作　　　　者／斉藤謠子
譯　　　　者／洪鈺惠
發　行　　人／詹慶和
總　編　　輯／蔡麗玲
執 行 編 輯／黃璟安
編　　　　輯／蔡毓玲・劉蕙寧・陳姿伶・李佳穎・李宛真
執 行 美 編／韓欣恬
美 術 編 輯／陳麗娜・周盈汝
出　版　　者／雅書堂文化事業有限公司
發　行　　者／雅書堂文化事業有限公司
郵政劃撥帳號／18225950
戶　　　　名／雅書堂文化事業有限公司
地　　　　址／新北市板橋區板新路 206 號 3 樓
網　　　　址／www.elegantbooks.com.tw
電 子 郵 件／elegant.books@msa.hinet.net
電　　　　話／(02)8952-4078
傳　　　　真／(02)8952-4084

2017 年 10 月初版一刷　定價 480 元

SAITO YOKO NO HOUSE DAISUKI by Yoko Saito
Copyright © 2017, Yoko Saito, NHK Publishing, Inc.
All rights reserved.
Original Japanese edition published in Japan by NHK Publishing, Inc.

This Traditional Chinese edition is published by arrangement with NHK
Publishing, Inc. Tokyo in care of Tuttle-Mori Agency, Inc., Tokyo
through Keio Cultural Enterprise Co., Ltd., New Taipei City,

經銷／易可數位行銷股份有限公司
地址／新北市新店區寶橋路 235 巷 6 弄 3 號 5 樓
電話／(02)8911-0825
傳真／(02)8911-0801

版權所有 ・ 翻印必究
※ 本書作品禁止任何商業營利用途（店售 ・ 網路販售等）＆刊載，
　　請單純享受個人的手作樂趣。
※ 本書如有缺頁，請寄回本公司更換。

國家圖書館出版品預行編目資料

優雅＆可愛！斉藤謠子最愛的房屋拼布創作 / 斉藤
謠子著 / 洪鈺惠譯
-- 初版 . -- 新北市：雅書堂文化，2017.10
　面；　公分 . -- (拼布美學；28)
ISBN 978-986-302-390-6（平裝）

1. 拼布藝術 2. 手提袋

426.7　　　　　　　　　　　　　　106017272

斉藤謠子

拼布作家。對於美式拼布產生興趣，而開啟了進入拼布世界的大門。多方吸收歐洲及北歐國家的創作風格後，啟發個人的拼布色彩與設計概念。至今致力於基礎拼布藝術的推廣，於相關學校進行課程教學並擔任講師。作品常刊登於電視節目、雜誌報導，深受讀者喜愛。著作繁多，多本繁體中文版著作皆由雅書堂文化出版。

斉藤謠子拼布教室＆店鋪 Quilt Party（株）
http://www.quilt.co.jp/

STAFF

原書封面設計／繩田智子 ・ L'espace
攝影／新居明子（插畫）・ 下瀨成美（製作方法）
造型師／池水陽子
製作方法解說／百目鬼尚子 ・ 櫻岡知栄子
紙型／tinyeggs studio（大森裕美子）
校正／山內寬子
編輯協力／增澤今日子
編輯／高野千晶（NHK 出版）
攝影協力／AWABEES
　　　　　TITLES
　　　　　UTUWA

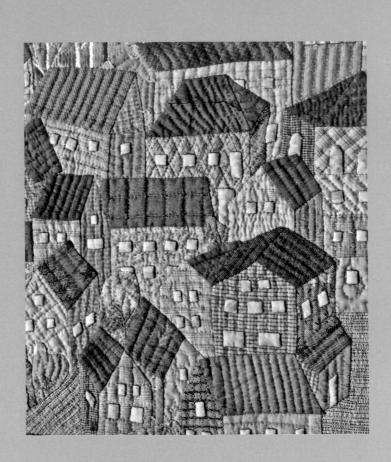